MIX
Papier aus verantwortungsvollen Quellen
Paper from responsible sources
FSC® C105338

Igor Schapiro

Quantenmechanische Untersuchungen der Photoisomerisierung von Retinal Modellchromophoren

disserta
Verlag

Schapiro, Igor: Quantenmechanische Untersuchungen der Photoisomerisierung von Retinal Modellchromophoren, Hamburg, disserta Verlag, 2012

ISBN: 978-3-942109-96-3
Druck: disserta Verlag, ein Imprint der Diplomica® Verlag GmbH, Hamburg, 2012
Coverbild: Eine schematische Darstellung der Potentialfläche für die Isomerisierung des 11-cis-Retinalmodells (Igor Schapiro)

Bibliografische Information der Deutschen Nationalbibliothek
Die Deutsche Nationalbibliothek verzeichnet diese Publikation in der Deutschen Nationalbibliografie; detaillierte bibliografische Daten sind im Internet über http://dnb.d-nb.de abrufbar.

Die digitale Ausgabe (eBook-Ausgabe) dieses Titels trägt die ISBN 978-3-942109-97-0 und kann über den Handel oder den Verlag bezogen werden.

Die vorliegende Arbeit wurde im Zeitraum von Oktober 2005 bis April 2009 im Arbeitskreis von Prof. PhD. Volker Buß an der Universität Duisburg-Essen, Fakultät der Chemie durchgeführt.

Tag der Disputation: 07.12.2010

Dieses Werk ist urheberrechtlich geschützt. Die dadurch begründeten Rechte, insbesondere die der Übersetzung, des Nachdrucks, des Vortrags, der Entnahme von Abbildungen und Tabellen, der Funksendung, der Mikroverfilmung oder der Vervielfältigung auf anderen Wegen und der Speicherung in Datenverarbeitungsanlagen, bleiben, auch bei nur auszugsweiser Verwertung, vorbehalten. Eine Vervielfältigung dieses Werkes oder von Teilen dieses Werkes ist auch im Einzelfall nur in den Grenzen der gesetzlichen Bestimmungen des Urheberrechtsgesetzes der Bundesrepublik Deutschland in der jeweils geltenden Fassung zulässig. Sie ist grundsätzlich vergütungspflichtig. Zuwiderhandlungen unterliegen den Strafbestimmungen des Urheberrechtes.

Die Wiedergabe von Gebrauchsnamen, Handelsnamen, Warenbezeichnungen usw. in diesem Werk berechtigt auch ohne besondere Kennzeichnung nicht zu der Annahme, dass solche Namen im Sinne der Warenzeichen- und Markenschutz-Gesetzgebung als frei zu betrachten wären und daher von jedermann benutzt werden dürften.

Die Informationen in diesem Werk wurden mit Sorgfalt erarbeitet. Dennoch können Fehler nicht vollständig ausgeschlossen werden und der Verlag, die Autoren oder Übersetzer übernehmen keine juristische Verantwortung oder irgendeine Haftung für evtl. verbliebene fehlerhafte Angaben und deren Folgen.

© disserta Verlag, ein Imprint der Diplomica Verlag GmbH
http://www.disserta-verlag.de, Hamburg 2012
Hergestellt in Deutschland

Quantenmechanische Untersuchungen der Photoisomerisierung von Retinal Modellchromophoren

Dissertation

zur Erlangung des akademischen Grades eines
Doktors der Naturwissenschaften
– Dr. rer. nat. –

vorgelegt von
Igor Schapiro
geboren in Kiew

Fachbereich Chemie
der Universität Duisburg-Essen

2010

Die vorliegende Arbeit wurde im Zeitraum von Oktober 2005 bis April 2009 im Arbeitskreis von Prof. PhD. Volker Buß am Institut für Theoretische Chemie der Universität Duisburg-Essen durchgeführt.

Tag der Disputation: 07.12.2010

Gutachter: Prof. PhD. V. Buß
                  Prof. Dr. Dr. h.c. (mult.) R. Huber
Vorsitzender: Prof. Dr. C. Schmuck

„Das, wobei unsere Berechnungen versagen, nennen wir Zufall."

Albert Einstein

Meinen Eltern in Dankbarkeit gewidmet.

Ein herzliches Dankeschön gebührt an dieser Stelle allen, die mich im Laufe dieser Arbeit auf die eine oder andere Weise unterstützt haben und damit die Promotion zu einer angenehmen Zeit gemacht haben. Besonders bedanken möchte ich mich bei:

Prof. PhD. V. Buß für die Möglichkeit, auf diesem interessanten Gebiet zu arbeiten und die Einführung in die Thematik. Ich danke für die Bereitschaft jederzeit mit Rat und Tat hilfreich zur Seite zu stehen sowie die gelungene Mischung aus Betreuung und Freiheit.

Prof. Dr. R. Huber für die freundliche Übernahme des Korreferats.

Prof. Dr. C. Schmuck für die Annahme des Prüfungsvorsitzes zu meiner Disputation.

Dr. Oliver Weingart der meine Arbeit stets mit großem Interesse begleitet hat und mit zahlreichen Diskussionen für fruchtbare Denkanstöße gesorgt hat.

Dr. Lars Packschies vom regionalen Rechenzentrum in Köln für die Hilfsbereitschaft und die Unterstützung bei technischen Fragen.

Dr. Gerrit Groenhof für die Zusammenarbeit und die Einführung in Gromacs.

Bei den Mitarbeitern der Arbeitsgruppe Theoretische Chemie: Dr. Julia Hufen, Robert Knierim, Dr. Klaus Kolster, Daniel Richter, Helga Sekels und Dr. Sivakumar Sekharan für die freundliche und kollegiale Atmosphäre, die mir entgegengebracht wurde.

Eva Berndt, Volker Hickmann, Marie Holz, Dr. Holger Somnitz und Dr. Philipp Wacker für zahlreiche Anregungen und das Korrekturlesen dieser Arbeit.

Meinen Eltern, meinem Bruder Pawel sowie meinen Freunden für die Unterstützung während der gesamten Zeit.

KAPITEL 1
EINLEITUNG 1
1.1 Biochemie des Sehprozesses 2
1.1.1 Photozyklus 4
1.1.2 Signaltransduktionskaskade 6
1.1.3 Kristallstrukturen des Rhodopsins 8
1.2 Zielsetzung 9

KAPITEL 2
THEORETISCHER TEIL 13
2.1 Born-Oppenheimer Näherung 13
2.2 Wellenbasierte Methoden 16
2.2.1 Hartree Fock Verfahren 16
2.2.2 Roothaan-Hall Gleichungen 20
2.3 Methoden zur Erfassung der Elektronenkorrelation ... 24
2.3.1 Konfigurationswechselwirkung (CI) 25
2.3.2 (Møller-Plesset) Störungstheorie 27
2.3.3 Multikonfigurations-SCF 31
2.3.4 CASPT2 35
2.4 Klassische Mechanik 37
2.4.1 Bindungslängendeformation 38
2.4.2 Bindungswinkeldeformation 39
2.4.3 Torsionspotential 40
2.4.4 Elektrostatische Wechselwirkung 40
2.4.5 Van-der-Waals Wechselwirkung 41
2.5 Hybrid QM/MM-Verfahren 42
2.5.1 Einteilung in Teilsysteme 43
2.5.2 Energie Ausdrücke 44
2.5.3 QM-MM Wechselwirkungsschema 45
2.5.4 QM/MM-Grenzschema 47

KAPITEL 3
ANGEREGTE ZUSTÄNDE 51
3.1 Konische Durchschneidungen 51
3.2 Surface Hopping 58

KAPITEL 4
SIMULATIONSVERFAHREN 63

4.1 Geometrieoptimierung 63
4.2 Moleküldynamik 65
    4.2.1 Erzeugung der Startbedingungen für Moleküldynamik 67
4.3 Implementierung in MOLCAS 67

KAPITEL 5
ERGEBNISSE UND DISKUSSION 71
5.1 Vier-Doppelbindungsmodell des Retinals 72
    5.1.1 Trajektorien 72
    5.1.2 Bicycle-Pedal-Trajektorie 75
    5.1.3 Reaktionspfade des Bicycle-Pedal-Mechanismus 77
    5.1.4 Der Einfluss der dynamischen Elektronenkorrelation 79
5.2 Fünf-Doppelbindungsmodell des Retinals 84
    5.2.1 Reaktionspfade 85
    5.2.2 Trajektorien 106
    5.2.3 Vergleich der Isomere 110
    5.2.4 Einfluss der Methylgruppen 117
    5.2.5 Einfluss einer 11-*cis*-Verbrückung 121
5.3 Retinal in der Proteinumgebung 124
    5.3.1 Rhodopsin 125
    5.3.2 Bathorhodopsin 129
    5.3.3 Isorhodopsin 132

KAPITEL 6
ZUSAMMENFASSUNG 136
LITERATURVERZEICHNIS 139
ANHANG 156
8.1 Abkürzungsverzeichnis 156
8.2 Publikationsliste 157

Kapitel 1
Einleitung

Der Sehvorgang der Wirbeltiere ist ein beeindruckendes Beispiel für die evolutionsgetriebene Optimierung eines im Grunde simplen physikochemischen Vorgangs. Die Energie eines einzelnen Photons wird von einem Photorezeptormolekül im Auge absorbiert und führt dort zur Isomerisierung einer ganz bestimmten Doppelbindung des Chromophors. Die molekulare Umlagerung als Folge der Isomerisierung initiiert eine Kaskade von biochemischen Reaktionen, an deren Ende, nach millionenfacher Verstärkung durch biochemische Regelkreise, die Erzeugung eines neuronalen Reizes steht.[1-6]

Die Grundlage für diesen Vorgang ist die hocheffektive Umwandlung von Lichtenergie in mechanische Energie auf molekularer Ebene. Die Photoisomerisierung ist ein universeller photochemischer Prozess, der auch in anderen biologischen Systemen den ersten Schritt einer Reaktionskette auslöst.[7-9] Das einfache Prinzip[8] dieser Form von Energieumwandlung macht es attraktiv für technologische Anwendungen wie ultraschnelle opto-elektronische Schalter, optische Speicher und molekulare Motoren.[10-17]

Die Photoreaktion im Rhodopsin ist ultraschnell, hocheffizient und äußerst selektiv.[18] Das primäre Photoprodukt wird in nur 200 fs mit einer Quantenausbeute von 0,65[19] erhalten, und nur eine der sechs Doppelbindungen des Chromophors wird angegriffen.[20] Dies ist nicht selbstverständlich, denn außerhalb der Hülle des Photorezepeptormoleküls verhält sich der Chromophor, das 11-*cis*-Retinal, ganz anders: in Lösung verläuft die Reaktion nach Bestrahlung mit Licht deutlich langsamer und führt zu einem Gemisch von verschiedenen Isomeren. Es ist also so, dass spezifische Wechselwirkungen mit dem Protein für diese besonderen Eigenschaften der Photoreaktion verantwortlich sein müssen. Welcher Art diese Einflüsse sind, ist nicht nur von grundsätzlichem Interesse. Ihr Verständnis könnte Möglichkeiten zur gezielten Veränderung des Proteins und zu seiner technischen Anwendung eröffnen.

In dieser Arbeit werden im Wesentlichen quantenchemische Methoden eingesetzt, um den Mechanismus der Photoisomerisierung von Rhodopsin zu untersuchen. Dazu wird auf die quantenchemische Plattform MOLCAS zurückgegriffen, die um Werkzeuge zur Durchführung von Moleküldynamiksimulationen im angeregten Zustand erweitert wurde. Ziel dieser Simulationen ist die Aufklärung des Reaktionsmechanismus auf molekularer Ebene mit Hilfe von Strukturoptimierungen und der Berechnung von Reaktionspfaden, die die Strukturen miteinander verknüpfen.

1.1 Biochemie des Sehprozesses

Die visuelle Wahrnehmung der Wirbeltiere beginnt auf der Netzhaut und läuft in mehreren Stufen ab. Durch die Hornhaut (Cornea) fällt Licht ins Augeninnere und wird dort von den Photorezeptorzellen absorbiert. Diese befinden sich in der Netzhaut (Retina), auf der inneren Rückwand des Auges und werden in zwei Arten unterteilt, die wegen ihrer Form als Stäbchen und Zapfen bezeichnet werden (Abbildung 1.1). Beide Zelltypen bestehen aus zwei getrennten Zellkompartimenten. Im äußeren Segment sind Photopigmente in hoher Dichte in Bereichen der Zellmembran eingelagert, die ins Zellinnere eingefaltet und in Form von Scheiben (Disks) übereinander gestapelt sind. Das Innensegment

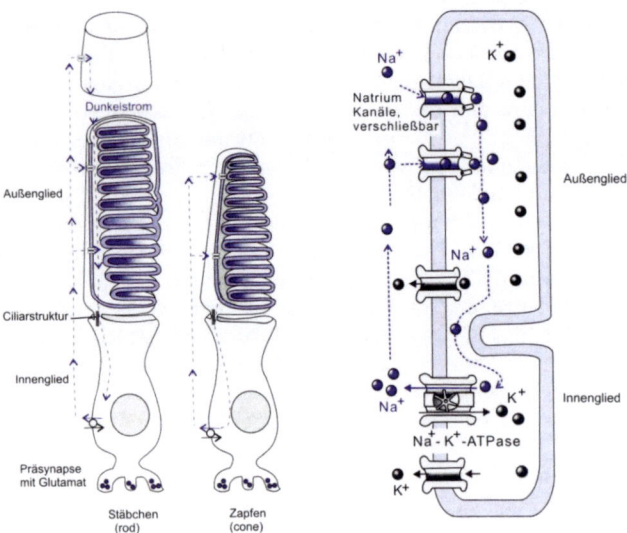

Abbildung 1.1 Aufbau der Photorezeptorzellen. Links: Die zwei Photorezeptoren aus der Netzhaut der Wirbeltiere: Stäbchen und Zapfen. Rechts: Ein Schema der Ionenströme in einer Photorezeptorzelle. Abbildung modifiziert aus Referenz 21.

1.1. Biochemie des Sehprozesses

enthält den Zellkern und viele Mitochondrien. Die Zapfen sind für das Farbsehen verantwortlich, reagieren aber nur auf intensives Licht. Die außerordentlich lichtempfindlichen Stäbchen reagieren dagegen auf schwaches Licht und vermitteln das Nachtsehen. Eine Stäbchenzelle enthält mehr als 1000 Scheiben, von denen jede etwa eine Million Photorezeptormoleküle, das sogenannte Rhodopsin, enthält.

Rhodopsin besteht aus dem Apoprotein Opsin sowie dem Chromophor 11-*cis*-Retinal, einem ungesättigten Aldehyd mit sechs konjugierten Doppelbindungen (Abbildung 1.2). Der Chromophor erfüllt zwei Funktionen: er absorbiert Licht und isomerisiert in Folge in die all-*trans* Form, was eine Konformationsänderung im Opsin hervorruft und damit die Signaltransduktion einleitet. Der Retinalaldehyd ist in Form einer Schiff-Base mit der ε-Aminogruppe von Lysin 296 (K296) verknüpft. Mittels Resonanz-Raman-Spektroskopie wurde gezeigt, dass der Stickstoff der Schiff-Base in protonierter Form vorliegt.[22, 23] Die protonierte Schiff-Base bildet zusammen mit der deprotonierten Aminosäure Glutamat 113 (E113) eine Salzbrücke.[24-26] Durch ortsspezifische Mutagenese-Experimente konnte nachgewiesen werden, dass trotz einer Substitution des Lysins, die eine kovalente Bindung des Retinals verhindert, das Rhodopsin funktionsfähig bleibt.[27]

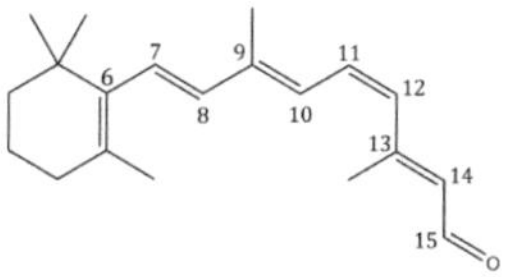

Abbildung 1.2 Die Strukturformel und Bezifferung des 11-*cis*-Retinals.

Der Aktivierungsprozess nach der Lichtabsorption kann in drei Phasen eingeteilt werden[28] (Abbildung 1.3):
1. Photoinduzierte *cis/trans*-Isomerisierung des Retinals,
2. thermische Relaxation des Retinal-Opsin-Komplexes und
3. Bildung von Folgeintermediaten, hervorgerufen durch die Wechselwirkung des Rhodopsins mit dem G-Protein Transducin.

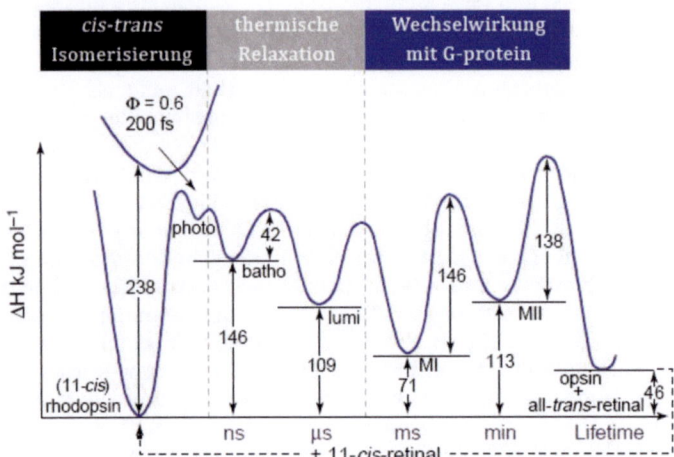

Abbildung 1.3 Aktivierungsprozess im Rhodopsin. Die Enthalpien der Intermediate und die Aktivierungsenthalpien entlang der Reaktionskoordinate sind in kJ·mol^{-1} angegeben.[28] Nach der Lichtabsorption isomerisiert das 11-*cis*-Retinal unter Bildung von Bathorhodopsin. Über das Lumi-Intermediat relaxiert Bathorhodopsin in Millisekunden zu Metarhodopsin. Die verschiedenen Formen des Metarhodopsins (MI und MII) befinden sich in einem G-Protein abhängigen Gleichgewicht. Die Freisetzung des Retinals erfolgt durch Hydrolyse der Schiff-Basenbindung. Abbildung modifiziert aus Referenz 28.

1.1.1 Photozyklus

Das im Rhodopsin gebundene 11-*cis*-Retinal absorbiert Licht bei 500 nm, entsprechend einer Energie von etwa 57 kcal·mol^{-1} und isomerisiert in weniger als 200 fs[29] zu all-*trans*-Retinal. Diese Reaktion ist der einzige lichtabhängige Schritt des Sehvorgangs, dabei werden 65% der Lichtenergie im Chromophor-Protein-Komplex gespeichert. Als Folge dieser Photoisomerisierung passt das Retinal nicht mehr so gut in die Bindungstasche des Opsins („*steric unfit*"), was eine Folge von Konformationsänderungen initiiert, den sogenannten Photozyklus. Die durchlaufenen Intermediate sind durch UV-VIS-, Fourier-Transformations-IR, Raman- und NMR-spektroskopische sowie biochemische Untersuchungen charakterisiert.[30]

1.1. Biochemie des Sehprozesses

Das erste Intermediat ist das Photorhodopsin, dessen UV/VIS-Absorption gegenüber dem Grundzustand deutlich kurzwellig verschoben ist. Diese Verschiebung wie auch die Kurzlebigkeit dieses Intermediats wird auf interne Spannung und erhöhte sterische Wechselwirkungen des isomerisierten Retinals mit der Proteinbindungstasche zurückgeführt. Innerhalb weniger Pikosekunden relaxiert Photorhodopsin zu Bathorhodopsin (λ_{max} = 542 nm), dem ersten Intermediat, das sich bei tiefer Temperatur isolieren und mit physikalisch-chemischen Methoden charakterisieren lässt. Bathorhodopsin ist das einzige Intermediat des Photozyklus, für das eine Kristallstruktur existiert.[20] Das nächste sogenannte *„blue shifted intermediate"* (BSI) ist das erste blauverschobene Intermediat. Es blieb lange Zeit unentdeckt, weil es nicht bei tiefen Temperaturen abgefangen werden kann. Erst Kliger und Mitarbeitern[31] ist es gelungen, das BSI nachzuweisen, und zwar durch Verwendung von Retinalderivaten als Chromophor und thermodynamische Kontrolle der Reaktionsführung. Dabei wurde der Photozyklus bei tiefen Temperaturen gestartet. Mit schrittweiser Erhöhung der Temperatur wurden nur Teilschritte des Zyklus zugelassen, sodass einzelne neue Intermediate abgefangen werden konnten. Beim nächsten Schritt, der Bildung von Lumirhodopsin (492 nm), stehen vermutlich Konformationsänderungen des Proteins im Vordergrund.

In die entscheidende Phase tritt der Zyklus mit der Bildung der Meta-I und II-Rhodopsine, die in einem pH-abhängigen Gleichgewicht stehen und eine deutlich unterschiedliche UV/Vis-Absorption aufweisen (478 bzw. 380 nm). Die kurzwellige Absorption von Meta-II zeigt dabei an, dass der bis dahin protonierte Stickstoff des Chromophors sein Proton verloren hat, was auch den Zusammenbruch der Salzbrücke zur Folge hat. Durch die Protonierung von Glutamat 134 kommt es zum Bruch von Wasserstoffbrückenbindungen und zu einer Bewegung der transmembranen Helices I, II, III und IV. Dadurch nimmt das Protein im Meta-II-Zustand eine offene Struktur ein und wird für das Eintreten von Wassermolekülen zugänglicher, was zur Hydrolyse der Schiff-Basebindung zwischen dem Retinal und dem Opsin führt. Meta-II-Rhodopsin ist die aktive Form des Rhodopsins: Es aktiviert das Protein zur Kopplung des heterotrimeren G-Proteins Transducin. In einem alternativen Prozess wird Meta-III gebildet (470 nm), das in einer all-*trans*-15-*syn*-Konformation vorliegt.[32] Auch in diesem Zustand wird Retinal langsam hydrolysiert. Die Reaktionsschritte der späten Meta-Intermediate sind noch nicht vollständig geklärt, es werden verschiedene Gleichgewichtsreaktionen in Betracht gezogen und diskutiert.

Der Photoprozess endet in einem *in vitro* Experiment mit der Diffusion des all-*trans* Chromophors aus der Bindungstasche, eine Reaktion, die Sekunden bis zu Minuten benötigt. *In vivo* wird der Prozess durch die Wiederaufbereitung des Retinals zu einem Zyklus geschlossen. Die Reisomerisierung zum 11-*cis*-Retinal erfolgt dabei im Pigmentepithel, welches der Netzhaut unterlagert ist. Zusätzlich wird der Chromophor aus der Biosynthese des Vitamin-A zur Verfügung gestellt.

1.1.2 Signaltransduktionskaskade

Im Meta-II-Zustand bindet und aktiviert Rhodopsin das G-Protein Transducin, wahrscheinlich als Folge einer Konformationsänderung auf der cytoplasmatischen Seite, hervorgerufen durch die Deprotonierung der Schiff-Base. Transducin, ein heterotrimeres Protein, besteht aus den drei Untereinheiten α, β und γ. An die α-Untereinheit ist im inaktiven Zustand Guanosindiphosphat (GDP) gebunden. Bei der Aktivierung durch Rhodopsin wird das GDP durch GTP (Guanosintriphosphat) ausgetauscht, und der Transducin-Komplex zerfällt in einen aktiven T_α-GTP- (T*-) und einen $T_{\beta,\gamma}$-Teil. T* diffundiert entlang der Diskmembran und aktiviert ein weiteres Enzym, die Phosphodiesterase (PDE), dessen Quartärstruktur sich aus vier Untereinheiten zusammensetzt. Bei seiner Aktivierung werden die katalytisch aktiven Untereinheiten α und β von den zwei inhibierenden γ-Einheiten getrennt, und je eine γ-Einheit wird von einem T* gebunden. Der aktive Teil der PDE katalysiert die Hydrolyse von cyclischem Guanosinmonophosphat (cGMP) zu 5´-Guanosin-Monophosphat (Abbildung 1.4).

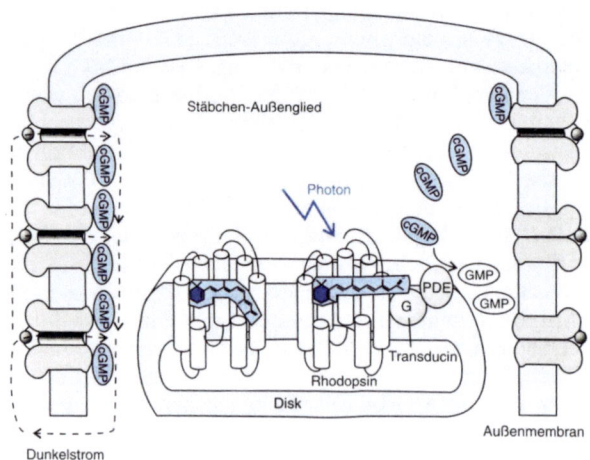

Abbildung 1.4 Schematische Darstellung der Signaltransduktion in einem Photorezeptor der Wirbeltiere. Abbildung modifiziert aus Referenz 21.

1.1. Biochemie des Sehprozesses

Das GMP ist für die Kontrolle der Ionenkanäle verantwortlich, die sich in der Membran des Außensegments befinden. Eine hohe cGMP-Konzentration hält diese Kanäle offen, und Na^+- und Ca^{2+}-Ionen strömen in das Außensegment. Das Innensegment der Zelle besitzt aktive Pumpen die im Gegensatz dazu positive Ionen aus der Zelle transportieren, sodass ein permanenter Ionenstrom vorhanden ist. Im Ruhezustand weist die Sehzelle ein negatives Potential zur äußeren Umgebung auf. Sinkt die cGMP-Konzentration durch die Anwesenheit der aktivierten PDE, so schließen sich die Kanäle im Außensegment, während die Pumpen im Innensegment weiterhin positive Ionen nach außen befördern. Die Verringerung der Anzahl positiver Ladungen im Außensegment lässt den Spannungswert weiter absinken und es kommt zur sogenannten Hyperpolarisation. Die erhöhte Spannungsdifferenz veranlasst die Ausschüttung des Transmitters Glutamat zum nachgeschalteten Neuron.

Damit der molekulare Stromfluß überhaupt den Schwellenwert der zur Erregung der Nervenzelle notwendigen Spannung erreicht, ist eine deutliche Signalverstärkung erforderlich. In der Abfolge der enzymatischen Reaktionskaskade aktiviert ein Rhodopsinmolekül, nachdem es den Meta-II-Zustand erreicht hat, 500 Transducinmoleküle, von denen jeweils eines 500 PDE Einheiten aktiviert. Schließlich hydrolysiert jedes PDE-Enzym 2000 cGMP-Moleküle, was einer Endverstärkung des Primärschrittes von $1:10^6$ entspricht.

Um das gesamte System für eine erneute Lichtabsorption zu regenerieren, müssen die beteiligten Enzyme wieder deaktiviert werden. Das Protein Rhodopsinkinase konkurriert mit Transducin um die Bindung an das aktivierte Rhodopsin, liegt aber in einer vergleichsweise geringen Konzentration vor. Deshalb ist Transducin vorwiegend aktiviert. Mit der Bindung der Kinase werden Serine am C-Terminus des Rhodopsins phosphoryliert und das Rhodopsin damit deaktiviert. Die vollständige Inhibierung des Rhodopsins gelingt erst mit Bindung eines weiteren Proteins, des Arrestins. Die α-Untereinheit des Transducins deaktiviert sich nach einer bestimmten Zeit selbst, indem das angebundene GTP durch eine endogene GTPase-Aktivität zu GDP gespalten wird. Damit kann sich die α-Untereinheit wiederum mit den beiden in der Aktivierung abgespaltenen Untereinheiten verbinden. Desweiteren führt die durch Transducin gebundene γ-Untereinheit zu einer Inaktivierung der α,β-Untereinheiten der PDE.

Die fortlaufende Produktion von cGMP durch das Protein Guanylylzyklase führt zu einem Konzentrationsanstieg des GMP und zur Öffnung der Ionenkanäle. Nach der bereits beschriebenen Regeneration des Rhodopsins befindet sich das Gesamtsystem wieder in seinem Ausgangszustand und ist für eine erneute Signaldetektion bereit.

Insgesamt erfüllt das 11-*cis*-Retinal mehrere Aufgaben im Rhodopsin. Zum einen ist sie die absorbierende Gruppe des Proteins, wirkt also als Photonenfalle. Zum anderen sorgt es im Meta-II-Zustand des Rhodopsins wie ein Schalter für die zur Aktivierung der Enzymkaskade notwendigen Strukturveränderungen des

Proteins. Darüber hinaus führt die Einbindung des 11-*cis*-Retinals zu einer Deaktivierung des Rhodopsins im Ruhezustand. Denn das Opsin ist auch in Abwesenheit der prosthetischen Gruppe zur Aktivierung der Enzymkaskade fähig, wenn auch nur in geringem Maße. Mit der Einbindung des Chromophors wird diese Fähigkeit weitgehend unterbunden. Aus diesem Grund wird das all-*trans*-Retinal als Agonist und das 11-*cis*-Retinal als inverser Agonist für die Transducinaktivierung bezeichnet.

1.1.3 Kristallstrukturen des Rhodopsins

Die noch immer nicht abgeschlossenen Bemühungen zur Aufklärung der 3D-Struktur des Rhodopsins, das aus Wirbeltieraugen verhältnismäßig leicht und sauber isoliert werden kann, sind von großem wissenschaftlichen Interesse, da das Rhodopsin als Modellsystem der G-Protein-gekoppelten Rezeptoren gilt. Mit der Bestimmung der primären Struktur des Rhodopsins 1983 wurde es möglich, die Sekundärstrukturelemente anhand einer Analyse von Hydrophobizitätsdaten vorherzusagen[33, 34] was zu einem 2D Modell mit sieben Transmembranhelices führte. Den nächsten Fortschritt brachten Arbeiten mit 2D-Kristallen[35-37], aus denen erste 3D-Strukturen abgeleitet wurden. Bis zum wirklichen Durchbruch sollte es allerdings noch 7 Jahre dauern. Durch technologische Entwicklungen, insbesondere in der Kryo-Kristallografie und der Synchrotronstrahlung, sowie Fortschritte in der Züchtung und Charakterisierung von Proteinkristallen, gelang es 2000, die Kristallstruktur des Rhodopsins zu bestimmen.[38] In den darauf folgenden Jahren wurde die Auflösung von 2,8 auf 2,2 Å verbessert (Tabelle 1.1) und es kamen die Strukturen einiger Intermediate und Mutanten hinzu.[39-46]

Tabelle 1.1 Übersicht der verschiedenen Rhodopsin-Kristallstrukturen.

PDB	Jahr	Auflösung	Referenz
1F88	2000	2,8 Å	38
1HZX	2001	2,8 Å	47
1L9H	2002	2,6 Å	48
1GZM	2003	2,65 Å	40
1U19	2004	2,2 Å	39

Streng genommen handelt es sich bei einer Kristallstruktur um ein eingefrorenes thermodynamisches Minimum, das sich von der Struktur in Lösung unterscheiden kann. Sie stellt also nur eine Näherung an die Struktur des Proteins in seiner natürlichen Umgebung dar. Bei der Interpretation der Röntgenstruktur sollte die Genauigkeit der Struktur im Kontext von biochemischen und

1.2. Zielsetzung

biophysikalischen Daten berücksichtigt werden.[49] Obwohl auf dem Gebiet der NMR-Spektroskopie große Fortschritte gemacht worden sind, stellt die Röntgenstrukturanalyse die einzige verfügbare Methode dar, mit der man alle atomaren Positionen gleichzeitig ermitteln kann. Im Rahmen der vorliegenden Arbeit werden Röntgenstrukturen, oder Teile davon, als Ausgangsvektoren für die Simulation des Retinals im Rhodopsin verwendet.

1.2 Zielsetzung

Die Photoisomerisierung des Retinals im Rhodopsin und die nachgeschalteten Prozesse sind ein Modell für die effektive Umwandlung und Verwendung von Lichtenergie. Die Photoreaktion selbst, also die *cis/trans*-Isomerisierung einer Doppelbindung in einem konjugierten System, dient als Vorbild für viele photoschaltbare Moleküle. Deswegen ist es wichtig, die sich dabei abspielenden Vorgänge im Detail zu verstehen.

Seit einigen Jahren werden zunehmend computergestützte Berechnungen eingesetzt, um die Kenntnisse über die Struktur, Dynamik und Funktion des Rhodopsins und verwandter Retinalproteine zu erweitern. Diese Untersuchungen reichen von klassischen Moleküldynamiksimulationen des gesamten Rhodopsins, möglicherweise eingebettet in eine Lipidmembran, bis hin zur Berechnung von korrelierten Wellenfunktionen zur Bestimmung spektroskopischer Daten. Ebenso breit wie das Spektrum der Methoden ist auch die Wahl der untersuchten Chromophormodelle, die vom Hexatrienal mit drei Doppelbindungen bis zum vollständigen Retinal reicht.

Ziel der hier vorliegenden Arbeit war es zunächst, ein geeignetes Modell zu finden, das sich für die geplanten Untersuchungen der Photoreaktion mit *ab initio* Multikonfigurations-Methoden eignete. Es sollte groß genug sein, um die Reaktion realistisch abzubilden, jedoch durfte es nicht zu groß sein, damit qualitativ hochwertige Rechnungen mit den zur Verfügung stehenden Ressourcen noch durchgeführt werden konnten. Als Ergebnis dieser Überlegungen werden im Folgenden Ergebnisse vorgestellt, die an verschiedenen *cis/trans*-Isomeren und substituierten Derivaten von Vier- bzw. Fünfdoppelbindungsmodellen des Retinal erhalten wurden. Zur Ermittlung von möglichen photochemischen Reaktionspfaden mussten Ausgangsstrukturen auf Potentialflächen mit einer unterschiedlichen Zahl von Freiheitsgraden gesucht werden. Ausgehend von diesen Strukturen wurden relaxierte Reaktionspfade berechnet, bei denen eine oder mehrere Bindungen fixiert und ein oder mehrere kritische Diederwinkel schrittweise verändert wurden.

In der Literatur findet man die folgenden drei Mechanismen der Isomerisierung eines Doppelbindungssystems: die einfache Doppelbindungsisomerisierung (*one bond flip*) (OBF), die Bicycle-Pedal Isomerisierung (BP)[50, 51] und die Hula-Twist Isomerisierung (HT)[52, 53]. Es wird sich als sinnvoll erweisen, die erhaltenen Ergebnisse vor dem Hintergrund dieser drei Mechanismen zu diskutieren.

Bei den Strukturoptimierungen wird die kinetische Energie vernachlässigt, d.h. alle Kerne werden als eingefroren betrachtet. Wird die quantenmechanisch geforderte Eigenbewegung der Atome berücksichtigt, so kann das Molekül selbstständig Trajektorien auf der gewählten Energiehyperfläche suchen. Diese Trajektorien können „bergauf" gehen, wenn die kinetische Energie dazu ausreicht, nach dem Passieren von Übergangszuständen geht es wieder „bergab" in Richtung neuer Minima, die mit Hilfe statischer Methoden nicht erfasst werden. Ein wesentlicher Bestandteil dieser Arbeit werden Untersuchungen mit Hilfe der Moleküldynamiksimulationen sein. Dafür soll zunächst das Programmpaket für quantenmechanische Methoden, MOLCAS, erweitert werden. Es wird ein Modul implementiert, das die Berechnung von Trajektorien erlaubt. Zusätzlich wird ein sogenannter Surface-Hopping-Algorithmus eingefügt, der nichtadiabatische Übergänge zwischen dem elektronisch angeregten und dem Grundzustand ermöglicht. Dieser Algorithmus wurde bereits für die Untersuchung einiger photochemischer Systeme verwendet[54-57,58]. Er hat den Vorteil, dass die aufwendige Berechnung der nichtadiabatischen Kopplungselemente zur Bestimmung eines elektronischen Übergangs entfällt.

Mit Hilfe der Moleküldynamik (MD) wird der Mechanismus der Photoisomerisierung anhand von Retinalmodellen im Vakuum untersucht. Neben der natürlich vorkommenden Struktur werden Varianten des Retinals eingesetzt und deren Einfluss auf die Isomerisierungsreaktion verfolgt. Dies betrifft zum einen verschiedene Isomere des Retinals, zum anderen Derivate des Retinals, die sich durch Substitutionsmuster von der natürlichen Struktur unterscheiden. Ferner werden MD-Simulationen an Modellsystemen des 11-*cis*-verbrückten Retinals durchgeführt, in denen unterschiedlich große Brücken in Form von 5-, 7- und 8-gliedrigen Ringen die Torsion der kritischen C11-C12-Bindung in unterschiedlichen Maße behindern. Von allen Modellen werden Ensembles generiert, die eine statistische Aussage über Quantenausbeuten und Lebenszeiten ermöglichen.

Um den Einfluss des Proteins auf die Isomerisierung des Retinals zu untersuchen und die Gründe zu vestehen, die die Photoreaktion so effizient machen, werden des Weiteren mit Hilfe der QM/MM-Methodologie Trajektorien des vollständigen Rhodopsinmoleküls berechnet. Der Chromophor tritt in unterschiedlicher Weise mit dem Protein in Wechselwirkung: über die kovalente Schiff-Basenbindung über Lys296, durch nicht-bindende Wechselwirkungen des Chromophors mit der Proteinumgebung und über elektrostatische Wechselwirkungen mit den geladenen, polarisierten und polarisierbaren Seitenketten in der Nachbarschaft des Chromophors, vor allem mit dem Gegenion, der

1.2. Zielsetzung

Carboxyl-Gruppe des Glu113.[59] Der Einfluss der Bindungstasche wird an drei Photopigmenten untersucht, die sich nur in der Retinal-Konformation unterscheiden: dem Rhodopsin mit 11-*cis*-, Bathorhodopsin mit all-*trans*- und Isorhodopsin 9-*cis*-Retinal. Diese drei Photorezeptoren befinden sich in einem Photogleichgewicht und können ineinander umgewandelt werden. Rhodopsin und Isorhodopsin sind in zahlreichen Arbeiten ausführlich charakterisiert worden.[51, 60-65] Die Reaktionszeiten, die Effizienz sowie die Quantenausbeute sind bekannt und können deshalb mit Ergebnissen aus dieser Arbeit verglichen werden.

Kapitel 2

Theoretischer Teil

2.1 Born-Oppenheimer Näherung

Die physikalischen und chemischen Eigenschaften eines Systems von Atomkernen und Elektronen, das durch Coulomb-Kräfte zusammen gehalten wird, können durch das Lösen der nichtrelativistischen zeitunabhängigen Schrödinger-Gleichung bestimmt werden:

$$\hat{H}_{tot}|\Psi_{tot}\rangle = E_{tot}|\Psi_{tot}\rangle \quad (2.1)$$

Der gesamte Hamilton-Operator $\hat{H}_{tot}$ beinhaltet die Information über das System, bestehend aus n Elektronen (mit der Position $\vec{r}_i$, der Ladung e und der Masse m_e) und N Kernen (mit der Position $\vec{R}_\alpha$, der Ordnungszahl Z_α und der Masse M_α). Der Hamilton-Operator eines solchen Systems kann allgemein beschrieben werden als

$$\hat{H}_{tot} = \hat{T}_{nuk} + \hat{T}_{el} + \hat{V}_{nuk,nuk} + \hat{V}_{el,el} + \hat{V}_{el,nuk} \quad (2.2)$$

wo

$$\hat{T}_{nuk} = -\sum_{\alpha=1}^{N} \frac{1}{2 M_\alpha} \nabla_{R_\alpha}^2 \quad (2.3)$$

und

$$\hat{T}_{el} = -\sum_{i=1}^{n} \frac{1}{2} \nabla_{r_i}^2 \quad (2.4)$$

die Operatoren der kinetischen Energie der Kerne und der Elektronen,

$$\hat{V}_{nuk,nuk} = \sum_{\alpha=1}^{N} \sum_{\alpha<\beta}^{N} \frac{Z_\alpha Z_\beta}{|R_\alpha - R_\beta|} \quad (2.5)$$

und

$$\hat{V}_{el,el} = \sum_{i=1}^{n} \sum_{i<j}^{n} \frac{1}{|r_i - r_j|} \quad (2.6)$$

die Operatoren der potentiellen Energie, also die Coulomb Wechselwirkung zwischen den Kernen bzw. den Elektronen darstellen und

$$\hat{V}_{el,nuk} = -\sum_{\alpha=1}^{N} \sum_{i=1}^{n} \frac{Z_\alpha}{|r_i - R_\alpha|} \quad (2.7)$$

den Operator, der die potentielle Energie zwischen den Elektronen und den Kernen beschreibt.

Das Lösen der nichtrelativistischen zeitunabhängigen Schrödinger-Gleichung mit dem gesamten Hamilton-Operator führt zu einem ($3N+3n$)-dimensionalen Problem, das für Moleküle in geschlossener Form nicht lösbar ist. Analytische Lösungen sind nur für sehr kleine Systeme möglich. Das Mehrkörperproblem kann reduziert werden, indem man die Bewegung der Kerne von der Bewegung der Elektronen separiert. Die sogenannte Born-Oppenheimer Näherung basiert auf der Tatsache, dass die Atomkerne auf Grund ihrer größeren Masse deutlich träger sind als Elektronen. Da ein Elektron verglichen mit einem Proton etwa 2000mal leichter ist, nimmt man näherungsweise an, dass sich in einem Molekül die Elektronen in einem Feld von ortsfesten Kernen bewegen.

Mit dieser Annahme kann die Gesamtwellenfunktion $|\Psi_{tot}\rangle$ als Produkt der Wellenfunktion $|\Psi_{nuc}(R)\rangle$, die von den Kernkoordinaten R abhängt, und $|\Psi_{el}(r,R)\rangle$, die sowohl von den Koordinaten der Elektronen als auch parametrisch von den Kernen abhängt, formuliert werden:

$$|\Psi_{tot}\rangle = |\Psi_{nuk}(R)\rangle |\Psi_{el}(r,R)\rangle \quad (2.8)$$

Der Hamilton-Operator kann in einen Kern- und elektronischen Hamilton-Operator zerlegt werden:

2.1. Born-Oppenheimer Näherung

$$\hat{H}_{tot} = \hat{H}_{nuk} + \hat{H}_{el} \qquad (2.9)$$

Das Lösen der dazugehörigen elektronischen Schrödinger-Gleichung

$$\hat{H}_{el}|\Psi^i_{el}(r,R)\rangle = \epsilon^i_{el}|\Psi^i_{el}(r,R)\rangle \qquad (2.10)$$

mit

$$\hat{H}_{el} = \hat{T}_{el}(r) + \hat{V}_{el,el}(r) + \hat{V}_{el,nuk}(r,R) \qquad (2.11)$$

ergibt den i-ten elektronischen Eigenzustand $|\Psi^i_{el}\rangle$ und die dazugehörige Eigenenergie $\epsilon^i_{(el)}$ für den i-ten elektronischen Zustand.
Für die Gesamtenergie ϵ^i_{tot} des Systems mit vorgegebenen Kernkoordinaten im Zustand $|\Psi^i_{el}\rangle$ muss die Kernabstoßung berücksichtigt werden:

$$\epsilon^i_{tot} = \epsilon^i_{el} + \hat{V}_{nuk,nuk}(R) \qquad (2.12)$$

Die elektronische Schrödinger-Gleichung (2.10) und Wege zu ihrer Lösung stehen im Mittelpunkt der quantenchemischen Verfahren, die im Weiteren beschrieben werden.
Mit unterschiedlichen Sätzen von Kernkoordinaten R in (2.10) erhält man unterschiedliche Eigenwerte der elektronischen Energie ϵ_{el}. Sie lassen sich als Funktion $\epsilon_{el}(\bar{R})$ schreiben, die parametrisch von den Koordinaten der Kerne abhängt. Deshalb ist auch ϵ_{tot} eine Funktion von $\bar{R}$, denn

$$\epsilon_{tot}(\bar{R}) = \epsilon_{el}(\bar{R}) + \hat{V}_{nuk,nuk}(\bar{R}). \qquad (2.13)$$

Hierbei ist $\epsilon_{tot}(\bar{R})$ die potentielle Energie für die Bewegung entlang der Kernkoordinaten. Diese Energie repräsentiert das effektive Feld bzw. effektive Potential, das die Kerne in Abhängigkeit von ihren Koordinaten erzeugen. Deshalb wird die Funktion $\epsilon_{tot}(\bar{R})$ als Potentialfläche bzw. Potentialhyperfläche bezeichnet.
Durch die Berücksichtigung der Born-Oppenheimer Näherung (2.8) und das Einsetzen der elektronischen Schrödinger-Gleichung (2.13) in die gesamte nichtrelativistische zeitunabhängige Schrödinger-Gleichung (2.1) erhält man die nährungsweise Schrödinger-Gleichung für die Kernbewegung:

$$\left(\hat{T}_{nuk} + \epsilon(\bar{R})\right)|\Psi^j_{nuk}\rangle = E^j|\Psi^j_{nuk}\rangle. \qquad (2.14)$$

Die Lösung der Gleichung (2.14) ergibt j Kern-Eigenzustände $|\Psi_{nuc}^j\rangle$ und Eigenenergien E^j, die aus den Schwingungs-, Rotations- und Translationszuständen des Kerngerüsts zusammengesetzt sind.

Die Born-Oppenheimer Näherung ist eine entscheidende Vereinfachung des Mehrkörperproblems bei der Beschreibung der N Kerne und n Elektronen. Sie ist hinreichend genau, solange die verschiedenen elektronischen Zustände unterschiedliche Energien besitzen.

2.2 Wellenbasierte Methoden

In diesem Unterkapitel werden Methoden zur Lösung der elektronischen Schrödinger-Gleichung im Rahmen der nichtrelativistischen und der Born-Oppenheimer Näherung vorgestellt (2.10). Diese Gleichung kann nur für das H_2^+-Molekül analytisch gelöst werden; für größere Moleküle sind weitere Näherungen und Vereinfachungen notwendig. Im Weiteren werden Verfahren beschrieben, die auf dem Variationsprinzip beruhen. Dieses Prinzip beruht auf der Tatsache, dass die Energie einer (normierbaren) Wellenfunktion $|\Psi\rangle$ als Erwartungswert des Hamilton-Operators berechnet werden kann:

$$E = \frac{\langle \Psi|\hat{H}|\Psi\rangle}{\langle \Psi|\Psi\rangle} \qquad (2.15)$$

Im Allgemeinen wählt man eine Versuchsfunktion Φ, die endlich viele Parameter enthält, die so bestimmt werden, dass der Erwartungswert von E in (2.15) minimal wird. Das Variationsprinzip besagt, dass bei Verwendung des exakten Hamilton-Operators die Energie jeder Versuchsfunktion höher ist als die exakte Eigenenergie des Systems. Nur wenn die Versuchsfunktion Φ und die Eigenfunktion Ψ identisch sind, stimmt Variationsenergie mit der Eigenenergie überein.

2.2.1 Hartree Fock Verfahren

Die Erfüllung des Pauli-Prinzips ist eine Forderung an die elektronische Wellenfunktion beim Lösen der elektronischen Schrödinger-Gleichung. Das Prinzip besagt, dass die Wellenfunktion antisymmetrisch sein muss bezüglich der Vertauschung von zwei Elektronen. Eine antisymmetrische Wellenfunktion für ein System von n-Elektronen kann durch eine antisymmetrische Kombination von Spinorbitalen $|\chi_\nu(x_i)\rangle$ in Form einer Slater-Determinante dargestellt werden:

2.2. Wellenbasierte Methoden

$$|\Psi^S(x_1, x_2, \ldots x_n)\rangle = \frac{1}{\sqrt{n!}} \begin{vmatrix} \chi_1(x_1) & \chi_2(x_1) & \cdots & \chi_n(x_1) \\ \chi_1(x_2) & \chi_2(x_2) & \cdots & \chi_n(x_2) \\ \vdots & \vdots & \ddots & \vdots \\ \chi_1(x_n) & \chi_2(x_n) & \cdots & \chi_n(x_n) \end{vmatrix}, \quad (2.16)$$

Dabei sind die $|\chi_\nu(x_i)\rangle$ Einelektron-Wellenfunktionen, die als Produkt aus einer Ortsfunktion $|\phi_\nu(r_i)\rangle$ und einer Spinfunktion η_i dargestellt werden. Für ein Elektron kann die Spinfunktion nur zwei verschiedene Werte annehmen, nämlich $|\alpha_i\rangle$ oder $|\beta_i\rangle$:

$$|\chi_\nu(x_i)\rangle = |\phi_\nu(r_i)\rangle \begin{cases} |\alpha_i\rangle \\ |\beta_i\rangle \end{cases}, \quad (2.17)$$

Spinfunktionen sind orthonormiert, d.h. $\langle\alpha|\alpha\rangle = \langle\beta|\beta\rangle = 1$ und $\langle\alpha|\beta\rangle = \langle\beta|\alpha\rangle = 0$.

Die Minimierung der Energie der Slater-Determinante (2.16) mit Hilfe des Variationsprinzips (2.15) und des elektronischen Hamilton-Operators $\hat{H}_{el}$ führt zu einem System von n Einteilchengleichungen, den sogenannten Hartree-Fock-Gleichungen,

$$\hat{f}(x_i)|\chi_\nu(x_i)\rangle = \epsilon_\nu|\chi_\nu(x_i)\rangle \quad (2.18)$$

deren Lösungen die Einelektronen Orbitalenergien ϵ_ν sind.
Der Fock-Operator

$$\hat{f}(x_i) = \hat{h}(x_i) + \sum_{\mu=1}^{n} \left(\hat{J}_\mu(x_i) - \hat{K}_\mu(x_i)\right) \quad (2.19)$$

besteht aus dem Einteilchen-Operator $h(x_i)$ und den Zweiteilchen-Operatoren $J_\mu(x_i)$ und $K_\mu(x_i)$.
Der Operator

$$\hat{h}(x_i) = -\frac{1}{2}\nabla_{r_i}^2 - \sum_{\alpha=1}^{N} \frac{Z_\alpha}{|r_i - R_\alpha|} \quad (2.20)$$

beschreibt die kinetische Energie und die potentielle Energie des i-ten Elektrons im gemittelten Feld aller Kerne.

Der Coulomb-Operator $\hat{J}_\mu(x_i)$ und der Austauschoperator $\hat{K}_\mu(x_i)$ stehen für die Wechselwirkung des i-ten Elektrons im gemittelten Feld aller anderen n-1 Elektronen:

$$\hat{J}_\mu(x_i)|\chi_\nu(x_i)\rangle = \left\langle \chi_\mu(x_j) \left| \frac{1}{|r_i - r_j|} \right| \chi_\mu(x_j) \right\rangle |\chi_\nu(x_i)\rangle \quad (2.21)$$

und

$$\hat{K}_\mu(x_i)|\chi_\nu(x_i)\rangle = \left\langle \chi_\mu(x_j) \left| \frac{1}{|r_i - r_j|} \right| \chi_\nu(x_j) \right\rangle |\chi_\mu(x_i)\rangle. \quad (2.22)$$

Obwohl die Gleichungen (2.18) wie lineare Eigenwertgleichungen aussehen, wird in den Ausdrücken (2.21) und (2.22) deutlich, dass durch den Coulomb- und den Austauschoperator der Fock-Operator von den Orbitalen $|\chi_\nu(x_i)\rangle$ abhängt. Es handelt sich also um nicht-lineare Eigenwertgleichungen, die nur iterativ gelöst werden können.[66]

Die Methoden zur Lösung der Hartree-Fock-Gleichungen (2.18) unterscheiden sich in Abhängigkeit von der Besetzung der Orbitale. Bei Systemen mit abgeschlossenen Schalen, d.h. alle Raumorbitale doppelt besetzt sind, wird das sogenannte beschränkte (*restricted*) Hartree-Fock (RHF) Verfahren eingesetzt, wohingegen bei offenen Schalen das sogennante unbeschränkte (*unrestricted*) Hartree Fock (UHF) zum Einsatz kommt. Im letzteren ist die Anzahl der α- und β-Elektronen nicht gleich, daher werden in jedem Iterationsschritt zwei gekoppelte Hartree-Fock-Gleichungen gelöst.

Bei einer geraden Anzahl der Elektronen n und einer Konfiguration, in der alle gepaart sind, sind im Grundzustand alle Raumorbitale $|\psi_\nu(r_i)\rangle$ doppelt besetzt. Damit unterscheiden sich zwei Elektronen, die das gleiche Raumorbital besetzen, nur in der Spinoperatorfunktion $|\alpha(\omega)\rangle$ und $|\beta(\omega)\rangle$. Für die resultierende Slater-Determinante mit n Spinorbitalen $|\chi_\nu(x_i)\rangle$ werden deshalb nur $n/2$ Raumorbitale $|\psi_\nu(r_i)\rangle$ benötigt. Daher wird die Slater-Determinante als beschränkt bezeichnet. Für solche Systeme mit abgeschlossenen Schalen kann die Hartree-Fock Gleichung (2.18) umgeschrieben werden, indem man für Spinorbitale die Gleichung (2.17) einsetzt und die Spinfunktion ausintegriert. Aus der entsprechenden Substitution folgt:

$$\hat{f}(x_i)|\psi_\nu(r_i)\rangle|\alpha(\omega_i)\rangle = \epsilon_\nu|\psi_\nu(r_i)\rangle|\alpha(\omega_i)\rangle \quad (2.23)$$

Multiplikation mit $\langle\alpha(\omega_i)|$ und Integration über ω_i ergibt

2.2. Wellenbasierte Methoden

$$\langle \alpha(\omega_i)|\hat{f}(x_i)|\psi_\nu(r_i)\alpha(\omega_i)\rangle = \epsilon_\nu \langle \alpha(\omega_i)|\alpha(\omega_i)\rangle|\psi_\nu(r_i)\rangle \quad (2.24)$$

Da die Spinfunktionen orthonormiert sind, ergibt sich folgende Hartree-Fock Gleichung für abgeschlossene Systeme:

$$\hat{f}(r_i)|\psi_\nu(r_i)\rangle = \epsilon_\nu |\psi_\nu(r_i)\rangle \quad (2.25)$$

Entsprechend werden auch die Zweielektronenoperatoren in (2.21) und (2.22) geändert. Der Coulomb-Operator für ein System mit abgeschlossener Schale wird zu

$$\hat{J}_\mu(x_i)|\psi_\nu(x_i)\rangle = \left\langle \psi_\mu(x_j) \left| \frac{1}{|r_i - r_j|} \right| \psi_\mu(x_j) \right\rangle |\psi_\nu(x_i)\rangle \quad (2.26)$$

und aus dem Austauschoperator wird

$$\hat{K}_\mu(x_i)|\psi_\nu(x_i)\rangle = \left\langle \psi_\mu(x_j) \left| \frac{1}{|r_i - r_j|} \right| \psi_\nu(x_j) \right\rangle |\psi_\mu(x_i)\rangle \quad (2.27)$$

Im UHF-Verfahren werden keine Beschränkungen der Slater-Determinante vorausgesetzt. Das bedeutet, dass der räumliche Teil des α- und des β-Elektrons in einem Orbital nicht identisch ist. Die Slater-Determinante besteht aus n_α Raumorbitalen $|\psi_\nu^\alpha(r_i)\rangle$ und n_β Raumorbitalen $|\psi_\nu^\beta(r_i)\rangle$. In Analogie zur Gleichung (2.25) können zwei getrennte Hartree-Fock Gleichungen für α- und β-Elektronen abgeleitet werden:

$$\hat{f}^\alpha(r_i)|\psi_\nu^\alpha(r_i)\rangle = \epsilon_\nu^\alpha |\psi_\nu^\alpha(r_i)\rangle \quad (2.28)$$

mit dem Fock-Operator

$$\hat{f}^\alpha(r_i) = \hat{h}(r_i) + \sum_{\mu=1}^{n_\alpha} \left(\hat{J}_\mu^\alpha(r_i) - \hat{K}_\mu^\alpha(r_i) \right) + \sum_{\mu=1}^{n_\beta} \hat{J}_\mu^\beta(r_i) \quad (2.29)$$

und der entsprechenden Gleichung für $|\psi_\nu^\beta(r_i)\rangle$ für die β-Elektronen.

Die kinetische Energie und die Elektronen-Kern Wechselwirkung in $\hat{h}(r_i)$ sind unabhängig vom Spin und entsprechen dem Ausdruck im RHF-Verfahren. Die anderen Terme beschreiben das effektive Feld eines Elektrons mit α- bzw. β-Spin.

Dieses Elektron wechselwirkt mit allen anderen Elektronen des gleichen und des entgegengesetzten Spins. Die Wechselwirkungen werden durch den Coulomb- und den Austausch-Operator beschrieben. Für ein System mit $n_\alpha = n_\beta$ entsprechen die UHF- den RHF-Gleichungen (2.25), solange die Elektronen gekoppelt sind. Dies ist zum Beispiel bei Bindungsbrüchen und -dissoziationen nicht der Fall.

Die Methode hat den entscheidenden Nachteil, dass die UHF-Wellenfunktion keine Eigenfunktion des Spinoperators S^2 ist. Man spricht von sogenannter Spinkontamination bzw. -verunreinigung wenn der Eigenwert des S^2-Operators um mehr als 10% von $s(s+1)$ abweicht. Die Abweichung wird durch die Mischung von mehreren Multiplettzuständen verursacht. Es haben sich zwei Verfahren durchgesetzt, um zu reinen Spinfunktionen zu kommen. Man kann die Kontamination aus der Wellenfunktion herausprojizieren (PUHF) oder man führt im *restricted open-shell Hartree-Fock* (ROHF) Verfahren zur Beschreibung von offenschaligen Systemen eine teilweise Beschränkung der Slater-Determinanten für doppelt besetzte Orbitale ein. Allerdings ist die Implementierung der letztgenannten Methode erheblich aufwendiger, und ihre Anwendung erfordert einen höheren Rechenaufwand.

2.2.2 Roothaan-Hall Gleichungen

Die Lösung der Hartree-Fock Gleichungen durch numerische Integration ist lediglich für Atome und kleine Moleküle möglich. Für Moleküle allgemein hat sich das analytische Verfahren nach Roothaan und Hall durchgesetzt. Dabei wird der Raumteil $|\psi_v(r_i)\rangle$ eines Spinorbitals als Linearkombination von κ analytischen Basisfunktionen $|\phi_\kappa(r_i)\rangle$ entwickelt, die üblicherweise kernzentriert sind und als Atomorbitale bezeichnet werden.

$$|\psi_v(r_i)\rangle = \sum_{k=1}^{\kappa} c_{kv} |\phi_\kappa(r_i)\rangle \qquad (2.30)$$

Dabei müssen die Basisfunktionen $|\phi_\kappa(r_i)\rangle$ zweckmäßigerweise so gewählt werden, dass sie den räumlichen Verlauf der Orbitale gut beschreiben können. Es gibt zwei verschiedene Typen von Einelektronfunktionen, die diese Anforderung erfüllen, die Orbitale vom Slater-Typ (STOs) und vom Gauß-Typ (GTOs). STOs haben die Form

$$s_{\zeta,n,l,m}(r,\theta,\phi) = N\, r^{n-1}\, e^{-\zeta r}\, Y_{l,m}(\theta,\phi) \qquad (2.31)$$

2.2. Wellenbasierte Methoden

N ist die Normalisierungskonstante, r der Abstand des Elektrons vom Kern, n die sogenannte Pseudoquantenzahl, ζ der Slater-Koeffizient und die $Y_{l,m}(\theta,\phi)$ sind die Kugelflächenfunktionen mit den Quantenzahlen l und m. Ein GTO wird wie folgt dargestellt:

$$g_{\alpha,n,l,m}(r,\theta,\phi) = N\, r^{2n-2-1}\, e^{-\alpha r^2} Y_{l,m}(\theta,\phi) \qquad (2.32)$$

mit α als dem Exponentialkoeffizienten der Gauß-Funktion.

Der wesentliche Unterschied der beiden Funktionen besteht in der Radialabhängigkeit. In einem STO fällt die Funktion exponentiell mit dem Kernabstand, $-\zeta r$, in einem GTO dagegen mit $-\alpha r^2$. Dies führt zu zwei Nachteilen bei Gauß-Funktionen: sie fallen mit wachsendem Kernabstand wesentlich schneller auf 0 ab als eine Slater-Funktion, und es fehlt ihnen die Spitze am Atomkern (Abbildung 2.1). Dafür haben Gauß-Funktionen den Vorteil, dass das Produkt von zwei Funktionen mit verschiedenen Zentren eine einzelne Gaußfunktion ergibt. Damit können komplizierte Mehrzentrenintegrale, wie sie mit STO-Basisfunktionen entstehen, vermieden werden. Um die qualitativen Nachteile der Gauß-Funktion, also das Fehlen des *cusps* und das zu schnelle Abfallen gegen Null in Kernferne, zu kompensieren, wird eine Linearkombination von GTOs zu sogenannten kontrahierten GTOs gebildet, um ein Atomorbital $|\phi(r_i)\rangle$ zu beschreiben. Die individuellen Funktionen werden als primitive Gauß-Funktionen bezeichnet. Kontraktionen der GTOs können auf verschiedene Weisen durchgeführt werden. Je nach Problemstellung gibt es eine Reihe von Basissätzen, die im Wesentlichen aus den Gruppen von Pople, Huzinaga und Dunning stammen.

Die Anzahl der Basisfunktionen κ in Gleichung (2.30) ist endlich. Das führt zu κ räumlichen Orbitalen $|\psi_\nu(r_i)\rangle$ und 2κ Spinorbitalen $|\chi_\nu(x_i)\rangle$. In einem System mit abgeschlossener Schale ist $n/2$ der Raumorbitale mit Elektronen besetzt, während $\kappa - n/2$ Orbitale unbesetzt bleiben („virtuelle Orbitale").

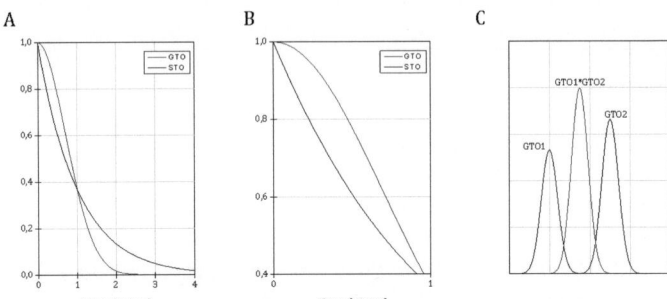

Abbildung 2.1 Einelektronenfunktionen. **A** Vergleich eines GTO (blau) mit einem STO (schwarz). **B** Vergrößerte Ansicht eines GTOs und eines STOs in Kernnähe. **C** Multiplikation zweier GTOs (schwarz) ergibt ein neues GTO (blau), das stark vergrößert dargestellt ist.

Einsetzen der Basisfunktionen in die Hartree-Fock-Gleichung für geschlossene Schalen ergibt:

$$\hat{f}(r_i) \sum_{k=1}^{\kappa} c_{k\nu} |\phi_k(r_i)\rangle = \epsilon_\nu \sum_{k=1}^{\kappa} c_{k\nu} |\phi_k(r_i)\rangle \qquad (2.33)$$

Multiplizieren mit einer beliebigen Basisfunktion $\langle\phi_l(r_i)|$ und Integration über r_i führt zu den Roothaan-Hall-Gleichungen:

$$\sum_{k=1}^{\kappa} c_{k\nu} \langle\phi_l(r_i)|\hat{f}_{kl}|\phi_k(r_i)\rangle = \epsilon_\nu \sum_{k=1}^{\kappa} c_{k\nu} \langle\phi_l(r_i)|\phi_k(r_i)\rangle \qquad (2.34)$$

In der Matrixschreibweise lauten diese Gleichungen

$$\boldsymbol{FC} = \boldsymbol{SC}\epsilon \qquad (2.35)$$

wobei $\boldsymbol{F}$ die Fock-Matrix der Dimension $\kappa \times \kappa$ und den Elementen

$$\boldsymbol{F}_{kl} = \langle\phi_l(r_i)|\hat{f}_{kl}|\phi_k(r_i)\rangle \qquad (2.36)$$

ist und $\boldsymbol{S}$ die Überlappungsmatrix mit der gleichen Dimension und Elementen

2.2. Wellenbasierte Methoden

$$S_{kl} = \langle \phi_l(r_i) | \phi_k(r_i) \rangle \tag{2.37}$$

Die Matrix C hat ebenfalls die Dimension $\kappa \times \kappa$ und besteht aus den Expansionskoeffizienten $c_{k\nu}$ der Orbitale $|\psi_\nu(r_i)\rangle$ in der Basis $|\phi_k(r_i)\rangle$

$$C = \begin{pmatrix} c_{11} & c_{12} & \cdots & c_{1\kappa} \\ c_{21} & c_{22} & \cdots & c_{2\kappa} \\ \vdots & \vdots & \ddots & \vdots \\ c_{\kappa 1} & c_{\kappa 2} & \cdots & c_{\kappa\kappa} \end{pmatrix} \tag{2.38}$$

Jede ν-te Spalte dieser Matrix beschreibt die Entwicklung des Raumorbitals $|\psi_\nu(r_i)\rangle$ in der Basis $|\phi_k(r_i)\rangle$. Die Diagonalmatrix $\epsilon = \{\epsilon_\nu \delta_{\nu\mu}\}$ enthält die Orbitalenergien ϵ_ν des entsprechenden Orbitals $|\psi_\nu(r_i)\rangle$:

$$\epsilon = \begin{pmatrix} \epsilon_1 & 0 & \cdots & 0 \\ 0 & \epsilon_2 & \cdots & 0 \\ \vdots & \vdots & \ddots & \vdots \\ 0 & 0 & \cdots & \epsilon_\kappa \end{pmatrix} \tag{2.39}$$

Mit orthonormierten Basisfunktionen $|\phi_k(r_i)\rangle$ wird die Überlappungsmatrix S zur Einheitsmatrix, und die Roothaan-Hall Gleichungen (2.35) können vereinfacht werden zu:

$$FC = C\epsilon \tag{2.40}$$

Mit diesen Gleichungen wird die Energie gemäß dem Variationsprinzip (2.15) durch die Variation der Koeffizienten $c_{k\nu}$ minimiert. Da der Fock-Operator den Coulomb- und den Austausch-Operator, $\hat{J}(r_i)$ und $\hat{K}(r_i)$, beinhaltet, hängen die Matrixelemente F_{kl} selbst von $|\psi_\nu\rangle$ und damit auch von $c_{k\nu}$ ab. Deshalb kann die Lösung der Gleichungen nur iterativ erfolgen.

In der Regel sind die Basisfunktionen $\{\phi_k(r_i)\}$ nicht orthonormiert. Um das Eigenwertproblem (2.40) zu lösen, sucht man deshalb eine Transformationsmatrix X, die einen orthonormalen Satz von Basisfunktionen $\{\phi'_l(r_i)\}$ erstellt:

$$|\phi'_l(r_i)\rangle = \sum_{k=1}^{\kappa} X_{kl} |\phi_k(r_i)\rangle \quad \text{mit} \quad l = 1, 2, \ldots, \kappa \tag{2.41}$$

mit

$$\langle \phi'_l(r_i) | \phi'_k(r_i) \rangle = \delta_{kl} \tag{2.42}$$

Für ein offenschaliges System werden die Roothaan-Hall Gleichungen (2.34) und (2.35) in zwei Sätze von Gleichungen für α- und β-Spinorbitale getrennt. Aus den Hartree-Fock Gleichungen (2.28) und (2.29) geht hervor, dass die beiden Sätze über die Coulomb- und Austauschoperatoren miteinander gekoppelt sind. Diese Gleichungen werden als Pople-Nesbet Gleichungen bezeichnet[67]:

$$F^\alpha C^\alpha = SC^\alpha \epsilon^\alpha \qquad (2.43)$$

und

$$F^\beta C^\beta = SC^\beta \epsilon^\beta \qquad (2.44)$$

Die Roothaan-Hall Gleichungen (2.34) und (2.35) für geschlossene Schalen und die Pople-Nesbet Gleichungen (2.43) und (2.44) für offenschalige Systeme werden iterativ gelöst, bis das Minimum der Gesamtenergie erreicht wird. Weitere Iterationen nach diesem Grenzwert werden die Koeffizienten $c_{k\nu}$ nicht mehr verändern. Dieser Zustand heißt Selbstkonsistentes Feld (SCF). Der Satz der optimierten Koeffizienten bestimmt die Raumorbitale $|\psi_\nu(r_i)\rangle$ in der Gleichung (2.33). Mit der Kenntnis der Spinfunktionen $|\alpha(\omega_i)\rangle$ bzw. $|\beta(\omega_i)\rangle$ sind auch die Spinorbitale $|\chi_\nu(x_i)\rangle$ definiert und damit auch deren antisymmetrisiertes Produkt, also die Wellenfunktion $|\Psi\rangle$.

2.3 Methoden zur Erfassung der Elektronenkorrelation

Im Hartree-Fock Formalismus wird angenommen, dass sich die Elektronen unabhängig voneinander bewegen, d.h. ein Elektron befindet sich im effektiven Feld der übrigen Elektronen. Diese Annahme ist eine grobe Näherung, denn die Elektronen sind nicht unabhängig voneinander, ihre Bewegung ist korreliert. Ein Teil der Korrelation, die sogenannte Fermi-Korrelation, wird durch die Antisymmetrie der Wellenfunktion berücksichtigt: Elektronen mit gleichem Spin halten sich nicht am gleichen Ort auf. Die Korrelation der Elektronen mit entgegengesetztem Spin, die Coulomb-Korrelation, bleibt jedoch unberücksichtigt.

Im Grenzfall eines unendlich großen Basissatzes und der daraus resultierenden bestmöglichen Orbitale erreicht man das Hartree-Fock Limit. Die erhaltene Energie $E^{HF-Limit}$ ist höher als die exakte Energie E^{exakt} aus der Lösung der nichtrelativistischen Schrödingergleichung. Löwdin führte das Konzept der Elektronenkorrelation ein und definierte diese als Differenz der beiden Energien[68]

$$E^{korr} = E^{exakt} - E^{HF-Limit} \qquad (2.45)$$

2.3. Methoden zur Erfassung der Elektronenkorrelation

Die Elektronenkorrelation ist ein Ausdruck für die unzureichende Beschreibung der Elektron-Elektron-Wechselwirkung in der Hartree-Fock Näherung. Der Betrag der Korrelationsenergie ist von System abhängig und beträgt typischerweise 1% der Gesamtenergie.[69] Allerdings ist dieser Anteil entscheidend bei der Beschreibung von chemischen Prozessen. Es gibt eine Reihe von Post-Hartree-Fock-Verfahren zur Erfassung der fehlenden Korrelationsenergie.

2.3.1 Konfigurationswechselwirkung (CI)

Ein Ansatz zur Verbesserung des Hartree-Fock Verfahrens besteht darin, die Wellenfunktion $|\Psi_{el}\rangle$ nicht mit nur einer Slater-Determinante, sondern als eine Linearkombination von mehreren solchen Determinanten zu beschreiben. Während die Basisfunktionen $|\phi_k(r_i)\rangle$ die Größe der Einelektronbasis beschreiben, bestimmt die Anzahl der Determinanten die Mehrelektronenbasis und ist damit der Begrenzungsfaktor der Elektronenkorrelation.

Die Lösung der Roothaan-Hall Gleichungen (2.34, 2.35) für ein System mit abgeschlossener Schale mit n Elektronen und κ Basisfunktionen führt zu n/2 besetzten und $\kappa - n/2$ virtuellen Orbitalen. Werden anstelle von besetzten Orbitalen in der RHF Determinante virtuelle Orbitale besetzt, kann eine ganze Reihe von substituierten Determinanten erhalten werden. Wird anstelle des in $|\Psi_0\rangle$ besetzen Spinorbitals a ein virtuelles Orbital r besetzt, so erhält man eine einfach substituierte Determinante $|\Psi_a^r\rangle$. Ähnlich ergeben sich mehrfach substituierte Konfigurationen, indem mehrere Elektronen aus den Spinorbitalen a, b, c, usw. virtuelle Orbitale r, s, t, usw. besetzen. Die Anzahl aller möglichen Determinanten wird durch den Binomialkoeffizienten

$$\binom{2\kappa}{n} \tag{2.46}$$

ausgedrückt. Die exakte n-Elektronenwellenfunktion $|\Phi\rangle$ lässt sich als Linearkombination aufstellen:

$$|\Phi\rangle = c_0|\Psi_0\rangle + \sum_{a,r} c_a^r |\Psi_a^r\rangle + \sum_{\substack{a<b \\ r<s}} c_{a,b}^{r,s} |\Psi_{a,b}^{r,s}\rangle + \sum_{\substack{a<b<c \\ r<s<t}} c_{a,b,c}^{r,s,t} |\Psi_{a,b,c}^{r,s,t}\rangle + \cdots \tag{2.47}$$

Zur besseren Darstellung kann die Entwicklung in symbolischer Form umgeschrieben werden:

$$|\Phi\rangle = c_0|\Psi_0\rangle + c_S|S\rangle + c_D|D\rangle + c_T|T\rangle + c_Q|Q\rangle + \cdots \quad (2.48)$$

wobei $|S\rangle$ alle einfach, $|D\rangle$ die doppelt, $|T\rangle$ die dreifach, $|Q\rangle$ die vierfach substituierten Determinanten usw. darstellen.

Die CI-Energie kann mit dem Variationsprinzip berechnet werden. Dabei bleiben die durch eine Hartree-Fock-Rechnung bestimmten Molekülorbitale unverändert. Es werden nur die Entwicklungskoeffizienten c der Slaterdeterminanten variiert. Die verschiedenen Determinanten repräsentieren unterschiedliche Elektronenkonfigurationen, deren Wechselwirkung die Eigenzustände der Linearkombination bestimmt. Bei Berücksichtigung aller Konfigurationen spricht man von einer *full CI* (FCI) Wellenfunktion. Die entsprechende FCI-Matrix lautet

$$\begin{bmatrix} \langle\Psi_0|\hat{H}|\Psi_0\rangle & 0 & \langle\Psi_0|\hat{H}|D\rangle & 0 & 0 & \cdots \\ & \langle S|\hat{H}|S\rangle & \langle S|\hat{H}|D\rangle & \langle S|\hat{H}|T\rangle & 0 & \cdots \\ & & \langle D|\hat{H}|D\rangle & \langle D|\hat{H}|T\rangle & \langle D|\hat{H}|Q\rangle & \cdots \\ & & & \langle T|\hat{H}|T\rangle & \langle T|\hat{H}|Q\rangle & \cdots \\ & & & & \langle Q|\hat{H}|Q\rangle & \ddots \end{bmatrix} \quad (2.49)$$

Nach dem Theorem von Brillouin mischt sich die Hartree-Fock Referenzdeterminante $|\Psi_0\rangle$ nicht mit den einfach substituierten Determinanten $|S\rangle$, weshalb die entsprechenden Matrixelemente verschwinden. Auch die Matrixelemente zwischen Determinanten, die sich in mehr als zwei Molekülorbitalen unterscheiden, sind Null. Das ist die Konsequenz der Slater-Condon-Regeln. Da der Fock-Operator $\hat{f}$ aus der Summe von Ein- und Zweielektronen-Operatoren besteht, ist das Überlappungsintegral zwischen zwei verschiedenen Molekülorbitalen gleich Null.

Die FCI Methode ist wohldefiniert, größenkonsistent und variational. Aufgrund der großen Anzahl von möglichen Determinanten und dem damit verbundenen Rechenaufwand bei der Aufstellung und Diagonalisierung der FCI-Matrix ist die Anwendung nur auf kleine Systeme beschränkt. Deshalb bricht man im Allgemeinen die CI Entwicklung (2.47) bei einer bestimmten Substitution ab und reduziert damit die Größe der Matrix. Man spricht dann von einem beschränkten CI-Verfahren. Die einfachste Möglichkeit besteht darin, alle Substitutionen wegzulassen. Das führt zu $|\Phi\rangle = |\Psi_0\rangle$, was der Hartree-Fock Referenzwellenfunktion entspricht und damit überhaupt keine Elektronenkorrelation erfasst. Der Abbruch der Entwicklung nach der einfachen Substitution (CIS) führt ebenfalls zu keiner Verbesserung aufgrund des Theorems von Brillouin. Ab der zweifachen Substitution entstehen von Null verschiedene

2.3. Methoden zur Erfassung der Elektronenkorrelation

Matrixelemente, durch die ein Teil der Elektronenkorrelation berücksichtigt wird. Damit ist die CI-Methode mit Berücksichtigung der doppelt angeregten Konfigurationen (CID) die erste Verbesserung gegenüber der Hartree-Fock Wellenfunktion. Die einfach substituierten Konfigurationen haben zwar keinen direkten Einfluss auf den Grundzustand, werden aber im sogenannten CISD-Verfahren trotzdem miteinbezogen, weil sie über die Matrixelemente mit den zweifach substituierten Determinanten mit $|\Psi_0\rangle$ wechselwirken. Damit wird bei mittleren Systemen und Basissätzen bereits ein Großteil der Korrelation erfasst. Die Berücksichtigung von dreifach und vierfach substituierten Konfigurationen führt zu nur geringfügigen Verbesserungen gegenüber CISD, wobei die Vierfachsubstitution einen stärken Einfluss als die dreifache hat.

Einer der größten Nachteile der beschränkten CI-Entwicklung ist, dass das Verfahren nicht größenkonsistent ist, d.h. der Fehler in der Energie eines Systems aus N Teilchen ist nicht proportional zu N. Der Gesamtfehler der Energie aus einer beschränkten CI Berechnung für ein Molekülensemble entspricht nicht der Summer der Fehler aus der Berechnung der einzelnen Moleküle. Für die Berechnung von Vorgängen, bei denen Bindungen gebrochen oder gebildet werden, ist sie also nur bedingt anwendbar.

2.3.2 (Møller-Plesset) Störungstheorie

Eine Alternative zur Methode der Konfigurationswechselwirkung ist die störungstheoretische Abschätzung der Korrelationsenergie. Die Störungstheorie ist ein systematisches, nicht variationales Verfahren, das größenkonsistent ist. Ausgangspunkt der Störungstheorie ist die Annahme, dass für ein nicht exakt lösbares Problem ein ähnliches lösbares Problem existiert und dass sich die Lösungen der beiden ähnlichen Systeme nur geringfügig unterscheiden. Man versucht also, das nicht lösbare oder gestörte System als Variante des lösbaren, ungestörten Systems anzusetzen. Dazu wird dessen Hamilton-Operator in zwei Anteile zerlegt:

$$\hat{H} = \hat{H}^0 + \lambda \hat{H}' \quad (2.50)$$

$\hat{H}^0$ ist der Operator des ungestörten Systems, $\hat{H}'$ ist der Störoperator und λ der Störparameter. Die Eigenfunktionen und Eigenwerte des ungestörten Systems mit $\hat{H}^0$ sind bekannt:

$$\hat{H}^0 |\Psi^{(0)}\rangle = E^{(0)} |\Psi^{(0)}\rangle \quad (2.51)$$

Da der Hamilton-Operator $\hat{H}$ nach (2.50) eine Funktion von λ ist, werden auch die Eigenwerte und Eigenfunktionen von λ abhängig sein. Da diese sich nur wenig von $E^{(0)}$ und $\Psi^{(0)}$ unterscheiden sollen, ist eine Potenzreihenentwicklung nach λ möglich:

$$E_\lambda = \lambda^0 E^{(0)} + \lambda^1 E^{(1)} + \lambda^2 E^{(2)} + \lambda^3 E^{(3)} + \cdots$$
$$\Psi_\lambda = \lambda^0 \Psi^{(0)} + \lambda^1 \Psi^{(1)} + \lambda^2 \Psi^{(2)} + \lambda^3 \Psi^{(3)} + \cdots \quad (2.52)$$

Mit $\lambda = 0$ erhält man $|\Psi^{(0)}\rangle$ und $E^{(0)}$ des ungestörten Systems bzw. die Wellenfunktion und die Energie nullter Ordnung. Entsprechend handelt es sich bei $\Psi^{(1)}, \Psi^{(2)} \ldots$ und $E^{(1)}, E^{(2)} \ldots$ um Korrekturen erster, zweiter, usw. Ordnung. Da diese Ausdrücke für alle λ gültig sind, normiert man die gestörte Wellenfunktion, d.h. die Überlappung mit der ungestörten Wellenfunktion ist 1. Als Konsequenz sind alle Korrekturterme orthogonal zur Referenzwellenfunktion:

$$\langle \Psi_\lambda | \Psi^{(0)} \rangle = 1$$
$$\langle \Psi^{(0)} + \lambda \Psi^{(1)} + \lambda^2 \Psi^{(2)} + \cdots | \Psi^{(0)} \rangle = 1$$
$$\langle \Psi^{(0)} | \Psi^{(0)} \rangle + \lambda \langle \Psi^{(1)} | \Psi^{(0)} \rangle + \lambda^2 \langle \Psi^{(2)} | \Psi^{(0)} \rangle + \cdots = 1 \quad (2.53)$$
$$\langle \Psi^{(i \neq 0)} | \Psi^{(0)} \rangle = 0$$

Durch Einsetzen der Gleichung (2.50) und der Reihen (2.52) in die Schrödinger-Gleichung erhält man

$$\left(\hat{H}^0 + \lambda \hat{H}' \right)\left(\lambda^0 |\Psi^{(0)}\rangle + \lambda^1 |\Psi^{(1)}\rangle + \lambda^2 |\Psi^{(2)}\rangle + \cdots \right) =$$
$$\left(\lambda^0 E^{(0)} + \lambda^1 E^{(1)} + \lambda^2 E^{(2)} + \cdots \right)\left(\lambda^0 |\Psi^{(0)}\rangle + \lambda^1 |\Psi^{(1)}\rangle + \lambda^2 |\Psi^{(2)}\rangle + \cdots \right) \quad (2.54)$$

Nachdem man die Gleichung ausmutlipliziert und alle Terme auf eine Seite gebracht hat, sortiert und separiert man nach den Potenzen von λ:

λ^0: $\hat{H}^0 |\Psi^{(0)}\rangle = E^{(0)} |\Psi^{(0)}\rangle$

λ^1: $\hat{H}^0 |\Psi^{(1)}\rangle + \hat{H}' |\Psi^{(0)}\rangle = E^{(0)} |\Psi^{(1)}\rangle + E^{(1)} |\Psi^{(0)}\rangle$

λ^2: $\hat{H}^0 |\Psi^{(2)}\rangle + \hat{H}' |\Psi^{(1)}\rangle = E^{(0)} |\Psi^{(2)}\rangle + E^{(1)} |\Psi^{(1)}\rangle + E^{(2)} |\Psi^{(0)}\rangle \quad (2.55)$

λ^n: $\hat{H}^0 |\Psi^{(n)}\rangle + \hat{H}' |\Psi^{(n-1)}\rangle = \sum_{i=0}^{n} E^{(i)} |\Psi^{(n-i)}\rangle$

2.3. Methoden zur Erfassung der Elektronenkorrelation

Die Gleichung nullter Ordnung ist die Schrödinger-Gleichung des ungestörten Systems (2.51). In der Gleichung erster Ordnung gibt es zwei Unbekannte, die Korrektur der Energie erster Ordnung $E^{(1)}$ und die Korrektur der Wellenfunktion erster Ordnung $|\Psi^{(1)}\rangle$. Skalares Multiplizieren der Gleichung n-ter Ordnung von links mit $\langle\Psi|$ und Berücksichtigung der Orthogonalitätsbeziehung (2.53) führt zu

$$E^{(n)} = \langle\Psi|\hat{H}|\Psi^{(n-1)}\rangle \tag{2.56}$$

Daraus wird deutlich, dass für die Korrekturen n-ter Ordnung in Energie die Kenntnis der Störfunktion niedrigerer, $(n-1)$-ter Ordnung erforderlich ist.

Die Lösung der Gleichungen (2.55) und (2.56) führt nicht zu einer Eigenwertgleichung, sondern zu einer inhomogenen Differentialgleichung. Eine Möglichkeit, solche Gleichungen zu lösen, besteht in der Entwicklung von $|\Psi^{(1)}\rangle$ nach dem vollständigen Satz von $|\Psi^i\rangle$

$$|\Psi^{(1)}\rangle = \sum_i c_i |\Psi^i\rangle \tag{2.57}$$

Diese Methode wird als Rayleigh-Schrödinger Störungstheorie bezeichnet. (2.57) liefert, in die λ^1 Gleichung von (2.55) eingesetzt und nach Ψ umgestellt, schließlich

$$\left(\hat{H}^0 - E^{(0)}\right)\sum_i c_i|\Psi_i\rangle + \left(\hat{H}' - E^{(1)}\right)|\Psi^{(0)}\rangle = 0 \tag{2.58}$$

was sich durch Multiplizieren von links mit $\langle\Psi^{(0)}|$ und mit der Orthogonalitätsbeziehung (2.53) vereinfachen lässt, um daraus $E^{(1)}$ die c_i zu ermitteln:

$$c_i = \frac{\langle\Psi_i|\hat{H}'|\Psi^{(0)}\rangle}{E^{(0)} - E^{(i)}} \tag{2.59}$$

$$E^{(1)} = \langle\Psi^{(0)}|\hat{H}'|\Psi^{(0)}\rangle \tag{2.60}$$

Die Entwicklungskoeffizienten c_i bestimmen in (2.59) die Korrektur erster Ordnung der gestörten Wellenfunktion (2.57). Nach Gleichung (2.60) ist die Energiekorrektur erster Ordnung des Störoperators, berechnet aus der ungestörten Eigenfunktion $\Psi^{(0)}$.

Die Berechnung der Glieder zweiter Ordnung erfolgt entsprechend. Das Ergebnis der dazugehörigen Energie lautet

$$E^{(2)} = \sum_{i \neq 0} \frac{\langle \Psi^{(0)}|\hat{H}'|\Psi^{(i)}\rangle \langle \Psi^{(i)}|\hat{H}'|\Psi^{(0)}\rangle}{E^{(0)} - E^{(i)}} \qquad (2.61)$$

Die Terme der Korrekturen höherer Ordnung werden zunehmend komplexer. Allgemein lässt sich aber zeigen, dass alle Korrekturterme aus Matrixelementen des Störoperators und der ungestörten Wellenfunktion sowie den ungestörten Energien bestehen.

Zur Erfassung der Elektronenkorrelation in einem Mehrteilchensystem muss der bisher allgemein behandelte Hamilton-Operator nullter Ordnung definiert werden. Nach einem Vorschlag von Møller und Plesset[70] setzt man den ungestörten Operator $\hat{H}^0$ als die Summe der Fock-Operatoren $\hat{f}$ (2.19) über v Spinorbitale wie folgt an:

$$\hat{H}^0 = \sum_{v=1}^{n} \hat{f}_v = \sum_{v=1}^{n} \left(\hat{h}_v + \sum_{\mu=1}^{n} (\hat{J}_{v\mu} - \hat{K}_{v\mu}) \right) = \sum_{v=1}^{n} \hat{h}_v + 2\langle \hat{V} \rangle \qquad (2.62)$$

dabei ist $\langle \hat{V} \rangle$ das gemittelte Elektron-Elektron-Abstoßungspotential, das in der Summe der Zweielektronen-Operatoren doppelt vorkommt. Der Störoperator kann durch Umstellen der Gleichung (2.50) definiert werden

$$\hat{H}' = \hat{H} - \hat{H}^0 = \hat{V} - 2\langle \hat{V} \rangle. \qquad (2.63)$$

Dabei ist $\hat{V}$ das sogenannte Fluktuationspotential, der exakte Zweielektronen-Operator. Die Wellenfunktion nullter Ordnung ist die Hartree-Fock Determinante $|\Psi^{(0)}\rangle$, und damit ist die Energie nullter Ordnung die Summe der Orbitalenergien:

$$E^{(0)} = \langle \Psi^{(0)}|\hat{H}^0|\Psi^{(0)}\rangle = \sum_{v=1}^{n} \epsilon_v \qquad (2.64)$$

Einsetzen des Störoperators (2.63) in (2.60) führt zur Energiekorrektur erster Ordnung

$$E^{(1)} = \langle \Psi^{(0)}|\hat{H}'|\Psi^{(0)}\rangle = \langle \hat{V} \rangle - 2\langle \hat{V} \rangle = -\langle \hat{V} \rangle \qquad (2.65)$$

Die Summe von $E^{(0)}$ und $E^{(1)}$ ist die Energie erster Ordnung und entspricht genau der Hartree-Fock Energie. Mit der Wahl des ungestörten Hamilton-Operators wird die Elektronenkorrelation erst ab der Störung zweiter Ordnung erhalten.

2.3. Methoden zur Erfassung der Elektronenkorrelation

Die allgemeine Form der Korrektur zweiter Ordnung (2.61) beinhaltet Matrixelemente zwischen der Hartee-Fock-Referenzdeterminante und allen möglichen Substitutionen, ähnlich wie im Ansatz der CI-Methode. Da der Störoperator ein Zweielektronen-Operator ist, werden alle Matrixelemente mit dreifachen, vierfachen und höheren Substitutionen gleich Null. Aufgrund des Theorems von Brillouin und der Orthogonalitätsbeziehung fallen auch die Matrixelemente der einfach substituierten Determinanten weg. Der Energieterm zweiter Ordnung beinhaltet also nur zweifach substituierte Determinanten

$$E^{(2)} = \sum_{\substack{a<b \\ r<s}} \frac{\langle \Psi_0|\hat{H}'|\Psi_{ab}^{rs}\rangle\langle \Psi_{ab}^{rs}|\hat{H}'|\Psi_0\rangle}{\epsilon_a + \epsilon_b - \epsilon_r - \epsilon_s} \qquad (2.66)$$

mit den Hartree-Fock Orbitalenergien ϵ_a und ϵ_b für besetzte und ϵ_r und ϵ_s für unbesetzte Orbitale.

Diese Methode, das Møller-Plesset Verfahren zweiter Ordnung oder MP2, berücksichtigt ca. 80-90% der Korrelationsenergie bei einem ähnlichen Rechenaufwand wie beim Hartree-Fock-Verfahren. Damit gehört es zu den effizientesten Methoden um Elektronenkorrelation zu berechnen. Außerdem hat es den Vorteil gegenüber beschränkten CI-Verfahren, dass es größenkonsistent ist.

2.3.3 Multikonfigurations-SCF

Die beiden oben beschriebenen Verfahren haben gemeinsam, dass die Elektronenkonfiguration durch eine Determinante beschrieben wird. In der Multikonfigurations-SCF-(MCSCF)-Theorie geht man von diesem Eindeterminantenansatz zu einem Mehrdeterminatenansatz über, d.h. die Wellenfunktion wird als Linearkombination von Slater-Determinanten dargestellt. Bei diesem Verfahren werden sowohl die LCAO-Koeffizienten für die MOs der einzelnen Slater-Determinanten als auch die Überlagerungskoeffizienten der Determinanten variiert. Damit ist es möglich, Systeme zu beschreiben, bei denen mehrere Konfigurationen führend sind. Es lassen sich zum Beispiel Systeme jenseits der Gleichgewichtsgeometrie, bei Bindungsdissoziationen und vor allem in angeregten Zuständen, die im Mittelpunkt dieser Arbeit stehen, beschreiben. Im Allgemeinen handelt es sich also um Systeme mit konkurrierenden Valenzstrukturen. In solchen Fällen braucht man eine Wellenfunktion, die flexibel genug ist, um die wichtigsten Konfigurationen gleichwertig zu beschreiben. Das Absenken der Energie durch die Flexibilität der Wellenfunktion aus mehreren Determinanten wird als Effekt der nichtdynamischen bzw. statischen Elektronenkorrelation bezeichnet. Durch den Einsatz mehrerer Determinanten werden Orbitale nicht strikt doppelt, sondern teilweise besetzt. Deshalb werden mit dem MCSCF Verfahren flexible Wellenfunktionen erzeugt.

Ab einer bestimmten Systemgröße ist die vollständige Variation aller MOs der einzelnen Determinanten und der Koeffizienten der Determinanten zu aufwendig. Die wichtigsten Konfigurationen, die den sogenannten aktiven Raum definieren, müssen so ausgewählt werden, dass die Chemie des Problems korrekt beschrieben wird. Das MCSCF-Verfahren ist also keine „black box" Methode, und ihr Einsatz erfordert Zeit und Erfahrung. Eine der gängigen Methoden ist das *Complete active space SCF*-(CASSCF)-Verfahren. Dabei werden die MOs in drei verschiedene Untergruppen aufgeteilt, nämlich in inaktive, aktive und externe Orbitale. Die inaktiven Orbitale sind in allen Konfigurationen der CASSCF Wellenfunktion stets doppelt besetzt. Deshalb ist die Anzahl der inaktiven Elektronen genau doppelt so groß wie die Anzahl dieser Orbitale. Die restlichen Elektronen des Systems werden als aktive Elektronen bezeichnet, weil sie die aktiven Orbitale besetzen. Infolgedessen bleiben die externen oder virtuellen Orbitale unbesetzt.

Die aktiven MOs bilden den sogenannten aktiven Raum und werden auf alle möglichen Arten mit den aktiven Elektronen besetzt. Diese Konfigurationen werden in den Konfigurationszustandsfunktionen (CSF) zusammengefasst, die eine spin- und symmetrieadaptierte Linearkombination von Slater-Determinanten sind. Die CASSCF Wellenfunktion wiederum wird als eine Linearkombination dieser CSFs definiert. Mit Hilfe der sogenannten Weyl-Formel[71] ist die Anzahl der Konfigurationen für einen aktiven Raum gegeben durch

$$K_{CSF}(n, N, S) = \frac{2S+1}{n+1} \binom{n+1}{\frac{1}{2}N - S} \binom{n+1}{\frac{1}{2}N + S + 1}$$ (2.67)

mit N der Anzahl der aktiven Elektronen, n den aktiven Orbitalen und S der Spinquantenzahl. Wie man der Tabelle 2.1 entnehmen kann steigt diese Anzahl sehr schnell an und daher muss der aktive Raum sorgfältig ausgewählt werden.

Die Wellenfunktion $|\Phi\rangle$ wird in einem Mehrelektronen-Basissatz von m möglichen Determinanten (CSFs) entwickelt, die in dem aktiven Raum generiert werden

$$|\Phi\rangle = \sum_m C_m |\Psi_m\rangle$$ (2.68)

2.3. Methoden zur Erfassung der Elektronenkorrelation

Tabelle 2.1 Die Anzahl der Konfigurationszustandsfunktionen K_{CSF} in Abhängigkeit von der Anzahl der aktiven Elektronen und Orbitale n.

n	K_{CSF}
2	3
4	20
6	175
8	1764
10	19404
12	226512

Die CASSCF Energie wird durch die Optimierung der CI-Koeffizienten und die gleichzeitige Optimierung der Orbitalkoeffizienten erhalten. Die Orbitale werden ähnlich wie im Hartree-Fock-Verfahren bestimmt. Der elektronische Hamilton-Operator ausgedrückt im Formalismus der zweiten Quantisierung[72], lautet[73]:

$$\hat{H} = \sum_{ij}\langle\chi_i|\hat{h}|\chi_j\rangle\hat{a}_i^\dagger\hat{a}_j + \frac{1}{2}\sum_{ijkl}\langle\chi_i\chi_j|\chi_k\chi_l\rangle\hat{a}_i^\dagger\hat{a}_j^\dagger\hat{a}_k\hat{a}_l \quad (2.69)$$

die Summen gehen über die Spinorbitale χ_i, $\hat{h}$ ist der Einelektronenoperator, und die Operatoren $\hat{a}_i^\dagger$ und $\hat{a}_i$ sind sogenannte Erzeugungs- und Vernichtungsoperatoren für Elektronen in den Orbitalen χ_i mit dem Spin ω. Die Darstellung der Besetzungszahlen aller Slaterdeterminanten definiert den orthonormalen Fock-Raum, bestehend aus Determinanten mit Besetzungszahlen 0 oder 1. Der Vernichtungsoperator $\hat{a}_j$ wird auf die Elemente des Fockraums angewandt, sodass Elektronen aus dem Spinorbital χ entfernt werden. Der dazu adjungierte Operator erzeugt Elektronen. Das Produkt der Operatoren heißt Besetzungszahlenoperator und erzeugt eine Einfachsubstitution in Gleichung (2.68). Eine zweifache Substitution wird durch das Produkt von je zwei Vernichtungs- und Erzeugungsoperatoren erreicht. Da der Hamilton-Operator (2.68) keine spinabhängigen Terme enthält, ist es möglich, diesen über sogenannte Anregungsoperatoren $\hat{E}_{ij}$ auszudrücken, die wie folgt definiert sind

$$\hat{E}_{ij} = \hat{a}_{i\alpha}^\dagger\hat{a}_{j\alpha} + \hat{a}_{i\beta}^\dagger\hat{a}_{j\beta} \quad (2.70)$$

Damit erhält man

$$\hat{H} = \sum_{ij}\langle\psi_i|\hat{h}|\psi_j\rangle\hat{E}_{ij} + \frac{1}{2}\sum_{ijkl}g_{ijkl}(\hat{E}_{ij}\hat{E}_{kl} - \delta_{jk}\hat{E}_{il}) \quad (2.71)$$

$$\hat{H} = \sum_{ij} h_{ij} \hat{E}_{ij} + \frac{1}{2} \sum_{ijkl} g_{ijkl} (\hat{E}_{ij}\hat{E}_{kl} - \delta_{jk}\hat{E}_{il}) \tag{2.72}$$

wobei die Summe jetzt über die Raumorbitale gebildet wird. Das Einelektronenintegral h_{ij} beinhaltet die kinetische Energie der Elektronen und die Kern-Elektron-Anziehung. Die Zweielektronenintegrale werden mit g_{ijkl} bezeichnet.

Mit der Wellenfunktion (2.69) als Linearkombination von Determinanten, erhält man den Erwartungswert des Hamilton-Operators:

$$E = \langle \Phi | \hat{H} | \Phi \rangle \tag{2.73}$$

$$
\begin{aligned}
&= \sum_{ij} h_{ij} \sum_{mn} C_m^* \langle \Psi_m | \hat{E}_{ij} | \Psi_n \rangle C_n \\
&\quad + \frac{1}{2} \sum_{ijkl} g_{ijkl} \sum_{mn} C_m^* \langle \Psi_m | \hat{E}_{ij}\hat{E}_{kl} - \delta_{jk}\hat{E}_{il} | \Psi_n \rangle C_n
\end{aligned} \tag{2.74}
$$

$$= \sum_{ij} h_{ij} \sum_{mn} C_m^* D_{ij}^{mn} C_n + \sum_{ijkl} g_{ijkl} \sum_{mn} C_m^* P_{ijkl}^{mn} C_n \tag{2.75}$$

$$= \sum_{ij} h_{ij} D_{ij} \sum_{ijkl} g_{ijkl} P_{ijkl} \tag{2.76}$$

mit D_{ij}^{mn} und P_{ijkl}^{mn} als Einelektron- bzw. Zweielektronenkopplungselementen. In dem Energieausdruck sind die Koeffizienten der Einelektronbasis-Entwicklung in den Einelektron- und Zweielektronenintegralen h_{ij} und g_{ijkl} enthalten, während die Elemente der Dichtematrix erster Ordnung D_{ij} und zweiter Ordnung P_{ijkl} die CI-Koeffizienten umfassen. Die Variation der Koeffizienten kann als Rotation in dem orthonormierten Vektorraum betrachtet werden.

Mit dem MCSCF-Verfahren werden Anregungsenergien und Übergangswahrscheinlichkeiten theoretisch zugänglich. Es ist deshalb geeignet für Untersuchungen von Problemen in der Spektroskopie, photochemischen Reaktionen und anderen Bereichen der Chemie, bei denen angeregte Zustände beteiligt sind.

2.3. Methoden zur Erfassung der Elektronenkorrelation

Allerdings sind MCSCF Berechnungen von angeregten Zuständen deutlich problematischer als im Grundzustand. Es kann zu Konvergenz- und prinzipiellen Problemen führen, sobald der untersuchte Zustand nicht der energetisch niedrigste Zustand einer Symmetrie ist. Falls diese Zustände sich im chemischen Charakter unterscheiden, kann die Optimierung der Orbitale die unteren Zustände destabilisieren und die Reihenfolge verändern. Dieses Problem wird als sogenanntes *root flipping* bezeichnet. Um diese Schwierigkeiten zu vermeiden, wurde von Docken und Hinze vorgeschlagen die Energie über mehrere Zustände zu mitteln.[74] Im *state-average* (SA)-Verfahren wird die MCSCF Energie gleichzeitig für mehrere elektronische Zustände in einer gemeinsamen Orbitalbasis optimiert. Die Energie einer SA-Wellenfunktion ist definiert als

$$E_{mittel} = \sum_i \omega_i E_i \qquad (2.77)$$

mit ω_i als Wichtungsfaktor des Zustands i. Üblicherweise sind die Wichtungsfaktoren gleich, können aber den physikalischen Gegebenheiten angepasst werden. Wenn man die Gleichung (2.76) für die einzelnen Energien einsetzt, ist der einzige Unterschied der Ersatz der Dichtematrix eines Zustands durch eine zustandsgemittelte Dichtematrix. Damit ist die Berechnung der Energie für eine SA-MCSCF Wellenfunktion nicht viel aufwendiger als für eine zustandsspezifische MCSCF Wellenfunktion.

Für Geometrieoptimierungen und Moleküldynamiksimulationen, die im Rahmen dieser Arbeit durchgeführt wurden, werden Gradienten benötigt, deren Berechnung in dem SA-MCSCF-Ansatz deutlich aufwendiger ist. Es handelt sich um ein nicht-triviales Problem, da die zustandsspezifische Energie im SA Raum nicht voll variational ist. Deshalb müssen mit großem Aufwand die gekoppeltgestörten MCSCF Gleichungen gelöst werden, um die Korrekturen der Gradienten für einen Zustand zu berechnen. Speziell für dieses Problem wurde eine Reihe von effizienten Algorithmen entwickelt. Die Lösung der Lineargleichungen nach Pople[75] wird in dem Z-Vektor-Verfahren[76] verwendet.

2.3.4 CASPT2

Obwohl eine CASSCF Wellenfunktion eine ausreichende Flexibilität besitzt, um große Veränderungen der Elektronenstruktur, die während chemischer Reaktionen auftreten können, zu beschreiben, liefert es keine quantitativ richtige Ergebnisse. Für Reaktionsbarrieren und thermodynamische Größen beträgt der Fehler typischerweise 10-15 kcal·mol^{-1}. Der Ursprung für diesen Fehler liegt in der beschränkten Erfassung der Korrelation: während die Orbitale im aktiven

Raum nach FCI variiert werden, sind die restlichen Valenzorbitale wie beim Hartree-Fock Verfahren genau doppelt besetzt. Man spricht auch von statischer Korrelation im Zusammenhang mit dem MCSCF-Verfahren, d.h. eine Korrelation der aktiven Elektronen. Es gibt allerdings keine Korrelation zwischen den aktiven und den inaktiven Elektronen. Um diese als dynamisch bezeichnete Korrelation zu erlangen, wurde ein störungstheoretischer Ansatz zweiter Ordnung entwickelt, der auf einer CASSCF Wellenfunktion basiert und als CASPT2 bezeichnet wird.[77-79]

In CASPT2 werden die Rayleigh-Schrödinger Gleichungen durch das Aufteilen des Hamilton-Operators nach Møller-Plesset gelöst[80]

$$\hat{H} = \hat{H}^{(0)} + \hat{H}^{(1)}\big(\hat{H}^{(0)} - E^{(0)}\big)\Psi^{(1)}$$

$$= -\hat{H}^{(1)}\Psi^{(0)}\hat{H}^{(0)} - E^{(0)}$$

$$= \hat{Q}(\hat{F} - const.)\hat{Q}\hat{F} = \sum_{pq} F_{pq}\hat{E}_{pq} \qquad (2.78)$$

mit $\hat{Q}$ als Projektor in den wechselwirkenden Raum $\Psi^{(0)}$, der CASSCF Wellenfunktion. Die Matrix $\hat{F}_{pq}$ ist so definiert, dass sie der Fock-Matrix eines Systems mit geschlossener Schale entspricht und die aktiven Orbitale Koopmans Theorem für Ionisationsenergie und Elektronenaffinität erfüllen. Die Gleichung wird durch die Entwicklung im welchselwirkenden Raum gelöst

$$\Psi^{(1)} = \sum_{pqrs} C_{pqrs}\hat{E}_{pqrs}\Psi^{(0)} \qquad (2.79)$$

und damit erhält man die Korrelationsenergie bis zur zweiten Ordnung:

$$E^{(2)} = -\langle\Psi^{(1)}|\hat{H}^{(0)}|\Psi^{(1)}\rangle \qquad (2.80)$$

In (2.79) ist $\hat{E}_{pqrs}$ der Anregungsoperator für die Substitution von zwei Elektronen aus den Orbitalen q und s in die Orbitale p und r. Für CASSCF als Referenz sind die Substitutionen, bei denen q und s inaktive oder aktive, p und r aktive oder externe Orbitale darstellen, entscheidend. Für den Fall, dass alle vier Indizes aktive Orbitale sind, ist die Korrelation bereits durch die CASSCF-Wellenfunktion erfasst. Von den acht möglichen Kombinationen kommen die aufwendigsten Terme durch die semi-interne Anregungen zustande, wenn drei der Indizes aktive Orbitale beschreiben. Die Lösung der resultierenden

2.4. Klassische Mechanik 37

Gleichungen erfordert dann Drei-Körper-Dichtematrixelemente für die aktiven Orbitale. Deren Berechnung ist mit keinem großen Aufwand verbunden, allerdings hat die Matrix eine Größe von $n^3 \times n^3$. Das ist der limitierende Faktor für CASPT2 Berechnungen mit der Folge, dass Systeme ab $n = 14$ praktisch nicht mehr zu berechnen sind.

2.4 Klassische Mechanik

Die bisher beschriebenen Verfahren zur Berechnung der Energie in einem molekularen System basieren auf der Lösung der Schrödinger-Gleichung. Sie weisen eine hohe Genauigkeit auf, sind jedoch in der Anwendung auf kleine Systeme beschränkt. In den sogenannten Kraftfeldverfahren wird die Berechnung der elektronischen Energie umgangen, in dem man die Energie des Systems als parametrische Funktion der Kernkoordinaten beschreibt. Diese Parameter werden entweder an experimentelle Daten angepasst oder aus quantenmechanischen Berechnungen erhalten. Molekulare Systeme werden als aus gebundenen Atomen zusammengesetzt betrachtet, d.h. Moleküle werden durch ein mehr oder weniger elastisches Federmodel beschrieben. Diese Verfahren, die auf Kraftfeldern beruhen, werden auch als Methoden der klassischen bzw. molekularen Mechanik bezeichnet.

Der Grundgedanke dieser Methoden basiert auf der Beobachtung, dass Moleküle aus Einheiten oder Gruppen bestehen, die in unterschiedlichen Molekülen ähnliche Eigenschaften haben, einem vor allem in der organischen Chemie sehr erfolgreichen Ansatz. Bausteine der Kraftfeldmethoden sind Atome oder Atomtypen, die über die Ordnungszahl und die Art der chemischen Bindung definiert sind. Je größer die Anzahl der Atomtypen in einem Kraftfeld ist, desto größer ist sein Anwendungsbereich. Für jeden Typ wird ein Satz von Parametern definiert. Diese Parameter werden in analytische Funktionen eingesetzt und so die Gesamtenergie berechnet, z. B.:

$$E_{tot} = E_B + E_W + E_D + E_{El} + E_{vdW} \qquad (2.81)$$

In (2.81) ist E_{tot} die – relative - Gesamtenergie des Systems. Die Energie der Bindungslängendeformation E_B, der Bindungswinkeldeformation E_W und des Torsionspotentials E_D werden als bindende Energieterme zusammengefasst. Als nicht-bindende Terme bezeichnet man die Energien aus den elektrostatischen (E_{El}) und van der Waals (E_{vdW}) Wechselwirkungen.

Bei der Verwendung eines Kraftfeldes gibt es eine quadratische Abhängigkeit zwischen der Anzahl der Atome und der Rechenzeit. Um den Rechenaufwand für große Moleküle zu minimieren, verwendet man möglichst einfache Ausdrücke. Im

Folgenden werden die mathematischen Formen der Terme in (2.81) beschrieben, wie sie in Kraftfeldern wie AMBER[81-83], GROMOS[84] und CHARMM[85] verwendet werden, um Proteine zu simulieren (Abbildung 2.2).

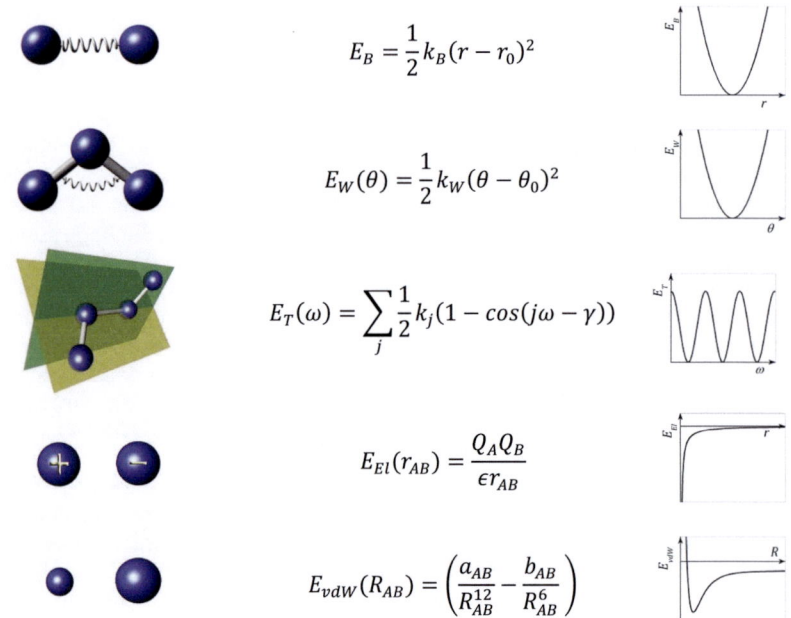

Abbildung 2.2 Übersicht der Energieterme eines Kraftfelds.

2.4.1 Bindungslängendeformation

Die einfachste mathematische Form, um die Energie für die Streckung zweier Atome wiederzugeben, wird durch das harmonische Potential

$$E_B = \frac{1}{2}k_B(r - r_0)^2 \quad (2.82)$$

wiedergegeben, mit k_B als Kraftkonstante, r dem interatomaren Abstand und r_0 dem Abstand der Atome in der Ruhelage. Zwischen unterschiedlichen

2.4. Klassische Mechanik

Atompaaren wirken unterschiedliche Kräfte, die genau genommen sogar von Molekül zu Molekül unterschiedlich sind. Deshalb ist es wichtig, möglichst viele Atomtypen zu parametrisieren und die Kraftkonstanten für alle Kombinationen von Atompaaren zu bestimmen. Für kleine Auslenkungen aus der Gleichgewichtslage beschreibt eine quadratische Funktion die Bindungsstreckung hinreichend gut. Bei kleineren Abständen als dem Gleichgewichtszustand steigt die Energie allerdings im Allgemeinen steiler an als bei größeren Abständen. Dieser Effekt kann durch eine anharmonische Korrektur, also einen zusätzlichen kubischen Term, berücksichtigt werden,

$$E_B(r) = \frac{1}{2}k_{B1}(r-r_0)^2 + k_{B2}(r-r_0)^3 \qquad (2.83)$$

wo k_{B2}, eine kleine negative Zahl, dazu führt, dass das Potential um r_0 die oben beschriebene Anharmonizität aufweist. Diese Funktion findet allerdings nur in Kraftfeldern für kleine Moleküle Verwendung, da mit der Anzahl der Parameter auch der Aufwand zur Berechnung der Energie steigt.

2.4.2 Bindungswinkeldeformation

Ein Bindungswinkel wird im einfachsten Fall durch drei Atome A-B-C definiert, wobei eine Bindung zwischen A und B und zwischen B und C vorausgesetzt wird. Auch die Deformation des Bindungswinkels θ um seinen Gleichgewichtswert θ_0 wird im einfachsten Fall durch ein harmonisches Potential angenähert, vor allem in großen Systemen, wo der ökonomische Umgang mit der Rechenzeit ein wichtigerer Aspekt ist als bei kleinen Molekülen:

$$E_W(\theta) = \frac{1}{2}k_W(\theta - \theta_0)^2 \qquad (2.84)$$

Die Genauigkeit kann auch hier durch höhere Terme auf Kosten der Rechenzeit erhöht werden.

Ein spezielles Problem der Bindungswinkeldeformation tritt in Fällen von Doppel- bzw. Dreifachbindungen auf.[86] Am Beispiel des Cyclobutanons in der Abbildung 2.3 wird der Unterschied zwischen der *in-plane* und der *out-of-plane* Deformation deutlich. Ohne die Unterscheidung der beiden Deformationsmoden könnte der Sauerstoff aus der Ebene des Vierrings herausragen. Das AMBER Kraftfeld definiert deshalb einen zusätzlichen Winkel zwischen der Geraden 2-X und der Ebene 1-2-3, während das CHARMM Kraftfeld uneigentliche Diederwinkel der Form X-2-1-3 verwendet.

in-plane   *out-of-plane*

Abbildung 2.3 Bindungswinkeldeformation am Beispiel des Cyclobutanons. Links: Eine Deformation in der Ebene des Vierrings. Rechts: Eine Bindungswinkeldeformation aus der Ebene des Vierrings heraus.

2.4.3 Torsionspotential

In einem Molekülfragment A-B-C-D ist der Diederwinkel ω als der Winkel definiert, den die beiden durch A-B-C und B-C-D aufgespannten Flächen zueinander einnehmen. Die Änderung der Energie durch die Rotation der beiden Bindungen A-B und C-D um die Bindung B-C wird durch das Torsionspotential bestimmt. Die Potentiale können mehrere Minima aufweisen, was einer entsprechenden Periodizität der Potentialfunktion entspricht. Deshalb werden die Torsionspotentiale gern in einer Fourier-Expansion dargestellt, wobei die Fourier-Serie mit der höchsten Multiplizität der Minima pro Drehung durch 360° abgebrochen wird. In den gängigen Kraftfeldern wird nach dem dritten Term abgebrochen, was einem Minimum alle 60° entspricht. Das Potential wird definiert als

$$E_T(\omega) = \sum_j \frac{1}{2} k_j (1 - cos(j\omega - \gamma)) \qquad (2.85)$$

mit j als Symmetriezahl, k_j der Barriere der j-zähligen Drehung, γ der Nullpunktsverschiebung und ω dem Dieder- bzw. Torsionswinkel. Nach einer Empfehlung von IUPAC ist der Diederwinnkel in dem Intervall [-180°,180] angegeben.[87]

2.4.4 Elektrostatische Wechselwirkung

Die Verteilung der Elektronen in einem Molekül führt zu positiven und negativen Partialladungen. In einer Carbonylgruppe beispielsweise trägt der Kohlenstoff eine positive und der Sauerstoff eine negative Teilladung. Da in einem Kraftfeld Elektronen nicht explizit berücksichtigt werden, ordnet man in einer groben Näherung jedem Atomtyp Ladungen zu. Alternativ können Bindungen

2.4. Klassische Mechanik

Dipolmomente zugeordnet werden. In den Kraftfeldern für große Biomoleküle hat sich die Verwendung von Punktladungen durchgesetzt. Die Wechselwirkung zwischen zwei Punktladungen wird durch das Coulomb-Potential wiedergegeben

$$E_{El}(r_{AB}) = \frac{Q_A Q_B}{\epsilon r_{AB}} \qquad (2.86)$$

wobei Q_A und Q_B für die Punktladungen der Atome A und B, ϵ für die Dielektrizitätskonstante und r_{AB} für den Abstand der Atome A und B steht. Die elektrostatischen Wechselwirkungen sind weitreichende Kräfte, deren Potential mit $1/r_{AB}$ abnimmt. Je nach Kraftfeld werden unterschiedliche Verfahren zur Ermittlung der Ladungen eingesetzt. Am weitesten verbreitet ist das Anpassen an elektrostatische Potentiale aus quantenmechanischen Berechnungen. Die ermittelte Ladung wird einem Atomtyp permanent zugeordnet. Das ist gleichzeitig ein großer Nachteil der nicht-polarisierbaren Kraftfelder, denn durch die unveränderte Ladung und die Reduktion der Wechselwirkung auf Zweikörper-Beiträge wird die Polarisation vernachlässigt. Obwohl eine Reihe von verschiedenen Modellen zur Behandlung der Polarisierung existiert[88-98], gibt es noch keine allgemein etablierten polarisierbaren Kraftfelder für biomolekulare Systeme. Die Entwicklung polarisierbarer Kraftfelder für Proteine ist noch nicht abgeschlossen.[99-110]

2.4.5 Van-der-Waals Wechselwirkung

Ein anderer Beitrag zu den nicht-bindenden Wechselwirkungen, der die Anziehung und die Abstoßung zwischen nicht direkt gebundenen Atomen beschreibt, kommt durch die van-der-Waals Wechselwirkungen zustande. Die resultierende Energie E_{vdW} ist nicht zu verwechseln mit der elektrostatischen Energie, die durch geladene Moleküle verursacht wird. Die van-der-Waals Wechselwirkung kann durch die Überlappung der Elektronenwolken erklärt werden und hat daher eine kurze Reichweite. Sie nimmt schnell ab mit größer werdendem Abstand und ist stark abstoßend bei kleinen Abständen der Atome. Auch wenn ein Molekül kein permanentes Multipolmoment hat, kann die Fluktuation der Elektronenverteilung zu kurzlebigen, induzierten Multipolen führen. Diese können wiederum eine Ladungspolarisation in benachbarten Molekülen verursachen, was zur Anziehung führt. Diese Wechselwirkung verändert sich mit der Inversen der sechsten Potenz. Die abstoßende Wechselwirkung bei größeren Abständen kann theoretisch nicht abgeleitet werden. Im sogenannten Lennard-Jones Potential[111] wird eine r^{-12}-Abhängigkeit angenommen. Obwohl eine exponentielle Funktion, wie im Buckingham Potential, die Abstoßung besser beschreibt, hat sich das Lennard-Jones Potential in

Kraftfeldern für große Moleküle etabliert. Auch hier liegt der Grund in dem Rechenaufwand, denn die Berechnung des Abstandspotentials auf der Grundlage von Exponentialfunktionen ist aufwendiger, etwa um den Faktor 5, als das einfache Multiplizieren und Addieren von polynomischen Ausdrücken. Der van-der-Waals Term im AMBER- und GROMOS-Kraftfeld hat folgende Form:

$$E_{vdW}(R_{AB}) = \left(\frac{a_{AB}}{R_{AB}^{12}} - \frac{b_{AB}}{R_{AB}^{6}} \right) \tag{2.87}$$

Dabei ist R_{AB} die Summe der van-der-Waals Radien, a_{AB} und b_{AB} sind atomspezifische Konstanten. Da sich der van-der-Waals-Radius je nach Bindung ändert, existieren in den gängigen Kraftfeldern mehrere Parameter für denselben Atomtyp.

2.5 Hybrid QM/MM-Verfahren

Die Verwendung einer gemischten quantenmechanischen-molekülmechanischen (QM/MM) Beschreibung für ein biomolekulares System geht auf Warshel und Levitt im Jahr 1976 zurück.[112] In den 90er Jahren wurde das Verfahren für zahlreiche Anwendungen übernommen.[113-117] Das Konzept des QM/MM Hybridverfahrens ist im Einklang mit den Vorstellungen der Enzymforschung, nach denen Enzymreaktionen auf einen kleinen Teil des Proteins, das aktive Zentrum, beschränkt sind. Dieses Untersystem ist für die mit elektronischer Umordnung verbundene chemische Reaktivität verantwortlich. Entsprechend wird dieses System mit einer quantenmechanischen Methode beschrieben die die Elektronen explizit behandelt. Der restliche Teil des Systems wird von einem Kraftfeld angenähert. Durch die Koppelung der QM und MM Methoden kann die potentielle Energie und die Reaktivität von großen und komplexen Systemen beschrieben werden, ohne die unterschiedlichen aktiven Zentren notwendigerweise zu parametrisieren. Dieses Vorgehen lässt sich auch auf Reaktionen der Moleküle in Lösung[115] oder Adsorption an der Oberfläche eines Festkörpers[118-120] übertragen. Eine Reihe spezialisierter Methoden und Variationen des allgemeinen Schemas wurde entwickelt, darunter ein quantenklassisches Moleküldynamik-Verfahren[121, 122], die ONIOM Methode von Morokuma[123, 124] und die Methode des effektiven Fragment Potentials[125, 126]. Verwandte Methoden, die aber genau genommen kein QM/MM-Verfahren darstellen, sind das *empirical valence bond* (EVB)[90, 127] sowie *molecular mechanics with valence bond* (MM-VB)[128].

2.5. Hybrid QM/MM-Verfahren

2.5.1 Einteilung in Teilsysteme

Die Grundidee des QM/MM-Verfahrens wird in der Abbildung 2.4 skizziert. Als erstes erfolgt eine Aufteilung des Gesamtsystems $\mathbb{S}$ in eine innere Region $\mathbb{I}$, die quantenmechanisch behandelt wird, und eine äußere Region $\mathbb{A}$, die durch ein Kraftfeld beschrieben wird. Die Teilsysteme werden in den meisten Methoden vor der Simulation definiert, und in einer statischen Zuordnung wechseln die Atome nicht zwischen den beiden Beschreibungen. Es gibt jedoch auch Methoden mit dynamischer Definition, in denen die Grenze der beiden Regionen sich im Laufe der Simulation verändert.[129] Die Hauptschwierigkeit liegt in der Behandlung der Grenzregion zwischen unterschiedlich beschriebenen Teilen des Systems. So kann es beispielsweise vorkommen, dass eine Bindung durch die Einteilung durchtrennt wird. Deswegen ist besondere Sorgfalt bei der Einteilung der Systeme notwendig. Je nach der chemischen Zusammensetzung des Systems muss ein geeignetes Kopplungsschema gewählt werden, um die Wechselwirkung der beiden Regionen angemessen zu beschreiben. Es werden teilweise Modifikationen der Atome bzw. der Bindungen zwischen den quantenmechanischen und dem molekularmechanischen Gebieten erforderlich. Speziell in der QM-Region können Bindungen, die an das klassisch beschriebene System angrenzen, stark verändert werden und zu einer anderen Elektronenkonfiguration führen. Wird beispielsweise eine kovalente Bindung homolytisch geschnitten, entsteht ein Radikal. Zur Absättigung solcher Bindungen wurde das sogenannte Verbindungs- bzw. Link-Atom[113, 114] ($\mathbb{L}$) eingeführt. Es handelt sich dabei um ein zusätzliches Atom in der inneren Region, was jedoch nicht im Gesamtsystem enthalten ist und besondere Eigenschaften haben kann. Hieraus wird deutlich, dass die Aufteilung des Systems zur Folge hat, dass die Gesamtenergie nicht einfach die Summe der Energien der beiden Regionen ist.

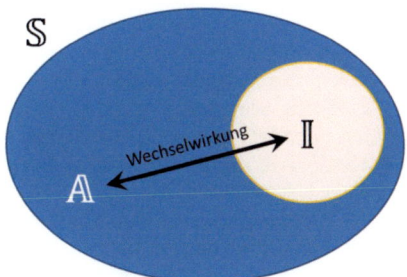

Abbildung 2.4 QM/MM Aufteilung. Eine schematische Einteilung des Gesamtsystems ($\mathbb{S}$) in das Innere System ($\mathbb{I}$) und das Äußere System ($\mathbb{A}$).

2.5.2 Energie Ausdrücke

Die Ausdruck der Gesamtenergie $E_{QM/MM}$ des Systems $\mathbb{S}$ kann auf zwei verschiedene Weisen definiert werden: additiv oder subtraktiv.[130]
Im additiven Schema wird die QM/MM Energie wie folgt definiert

$$E_{QM/MM}(\mathbb{S}) = E_{QM}(\mathbb{I}, \mathbb{L}) + E_{MM}(\mathbb{O}) + E_{QM-MM}(\mathbb{I}, \mathbb{O}) \quad (2.88)$$

mit $E_{QM}(\mathbb{I}, \mathbb{L})$ der quantenmechanischen Energie der Inneren Region mit dem Link-Atom, $E_{MM}(\mathbb{O})$ der molekularmechanischen Energie der Äußeren Region und dem Kopplungsterm $E_{QM-MM}(\mathbb{I}, \mathbb{O})$, der aus der Kopplung der beiden Regionen resultiert. Die genaue Zusammensetzung hängt von dem untersuchten System ab. Im Allgemeinen werden die Bindungs-, die elektrostatischen und die van-der-Waals-Wechselwirkungen erfasst:

$$E_{QM-MM} = E^B_{QM-MM} + E^{El}_{QM-MM} + E^{vdW}_{QM-MM} \quad (2.89)$$

Um die Abhängigkeit der Gesamtenergie von dem Link-Atom zu eliminieren, wird häufig ein Korrekturterm verwendet, der von dem Typ des Link-Atoms abhängt. Die Mehrheit der QM/MM-Implementierungen basiert auf diesem additiven Typ, der in Simulation von biomolekularen Systemen eingesetzt wird.[113,114,131-135]

Bei der Anwendung eines subtraktiven QM/MM-Schemas wird sowohl eine QM- als auch eine MM-Rechnung für das innere System durchgeführt und zusätzlich wird das Gesamtsystem klassisch beschrieben. Die Gesamtenergie ist gegeben durch

$$E_{QM/MM}(\mathbb{S}) = E_{MM}(\mathbb{S}) - E_{MM}(\mathbb{I}, \mathbb{L}) + E_{QM}(\mathbb{I}, \mathbb{L}) \quad (2.90)$$

In diesem Ansatz wird von der Gesamtenergie die Energie des inneren Untersystems subtrahiert und damit ausgeschnitten, weil es quantenmechanisch beschrieben wird. Durch die Berücksichtigung des Link-Atoms in dem Term $E_{MM}(\mathbb{I}, \mathbb{L})$ können Artefakte, verursacht durch dessen Einführung im inneren Untersystem, eliminiert werden. Das setzt allerdings eine sorgfältige Parametrisierung des QM-Potentials an der unmittelbaren Grenze der unterschiedlichen Systeme voraus. Darüber hinaus sind keine Parameter für das innere Teilsystem notwendig, da sich alle Terme durch die Subtraktion aufheben. Im Unterschied zur Gleichung (2.88) wird in dem subtraktiven Schema kein expliziter Kopplungsterm benötigt, deshalb können herkömmliche QM- und MM-Programme ohne Modifikation genutzt werden.

Die Entwicklung des Schemas und die erste Implementierung IMOMM[136] wurden von Morokuma und Mitarbeitern durchgeführt. In derselben Gruppe

2.5. Hybrid QM/MM-Verfahren

erfolgte die Kombination zweier QM-Methoden im sogenannten IMOMO-Verfahren[137]. Anschließend wurde mit ONIOM (*our own n-layered integrated molecular orbital and molecular mechanics*)[123, 124, 138, 139] das Schema verallgemeinert, indem das System in beliebig viele Schichten aufgeteilt wird.

2.5.3 QM-MM Wechselwirkungsschema

Die Wechselwirkungen zwischen dem inneren und dem äußerem Untersystem können in bindende und nichtbindende Wechselwirkungen aufgeteilt werden. Die größte Rolle spielt dabei die Kopplung der Elektrostatik, aufgrund der langreichweitigen Natur und der anspruchsvollen Beschreibung der Interaktion zwischen der quantenmechanischen Ladungsdichte und dem klassischen Ladungsmodell. Die verschiedenen Kopplungsmodelle werden nach Bakowies und Thiel[117] gemäß der Art der gegenseitigen Polarisierung eingeteilt in: mechanische Einbettung (Modell A), elektrostatische Einbettung (Modell B) und polarisierte Einbettung (Modell C), wobei die polarisierte Einbettung nach einer neueren Definition[140] zusätzlich nach einseitiger (Modell C) und gegenseitiger (Modell D) Polarisierung der Systeme unterteilt wird.

Ein charakteristisches Merkmal der mechanischen Einbettung ist, dass die QM-Berechnung in der Gasphase durchgeführt wird. Hierbei können die Elektronen mit der Umgebung nicht wechselwirken. Die elektrostatische Kopplung wird entweder weggelassen oder auf dem MM-Niveau behandelt, indem QM-Atome durch Punktladungen repräsentiert werden. Falls sich die Ladungsverteilung im Laufe der Reaktion ändert, müssen an das Kraftfeld angepasste Ladungen hergeleitet werden. Dies kann mit einem erheblichen Rechenaufwand verbunden sein.

Durch die Behandlung der Elektrostatik auf dem QM-Niveau werden die Nachteile der mechanischen Einbettung beseitigt. In der sogenannten elektrostatischen Einbettung werden die Punktladungen in den Einelektron-Operator (1.20) des elektronischen Hamilton-Operators aufgenommen. Zusätzlich wird die Wechselwirkung zwischen dem QM-Kernen und den MM-Punktladungen durch das Coulomb-Potential beschrieben. Der modifizierte QM/MM Hamilton-Operator enthält neben dem elektronischen Hamilton-Operator (1.11) zwei neue Summen

$$\hat{H}_{QM/MM} = \hat{H}_{el} - \sum_{i=1}^{n}\sum_{J=1}^{M} \frac{Q_J}{|r_i - R_J|} + \sum_{\alpha=1}^{N}\sum_{J=1}^{M} \frac{Z_\alpha Q_J}{|R_\alpha - R_J|} \qquad (2.91)$$

Hierbei sind Q_J die MM-Punktladungen und Z_α die Kernladungen der QM-Atome, r_i, R_J und R_α bezeichnen die Koordinaten der Elektronen, Punktladungen und der Atomkerne. Die Summen laufen über die Indizes i, J und α der n Elektronen, M

Punktladungen und N QM-Atome. Bei dieser Form der Kopplung kann sich die elektronische Struktur der inneren Region an die elektrostatische Ladungsverteilung der Umgebung anpassen, durch sie wird das QM-System polarisiert. Die genauere Beschreibung der elektrostatischen Einbettung ist mit einem höheren Rechenaufwand verbunden, der von der Anzahl der Partialladungen abhängt. Spezielle Sorgfalt ist in der unmittelbaren Nähe der Punktladungen zur Elektronendichte geboten; an dieser QM-MM-Grenze kann es zur Überpolarisierung kommen. Dazu kommt es insbesondere, wenn durch die Einteilung eine chemische Bindung durchgeschnitten wird. Ein weiterer kritischer Aspekt ist die Kompatibilität des im Kraftfeld verwendeten Ladungsmodells zur QM-Elektronendichte. Die Punktladungen sind eine Vereinfachung der Ladungsverteilung in Molekülen, in denen die Elektronen implizit enthalten sind. Dennoch hat sich diese Näherung in der Praxis etabliert. Die Erfahrungen mit den verbreiteten Kraftfeldern haben gezeigt, dass die Resultate grundsätzlich vernünftig sind. Die MM-Ladungen können ohne zusätzliche Parametrisierung in den Hamilton-Operator integriert werden. Deshalb ist die elektrostatische Einbettung das populärste Einbettungsschema für biomolekulare Anwendungen.[116]

In der elektrostatischen Einbettung wird nur die Polarisation der inneren durch die äußerere Region berücksichtigt. Die Polarisierung des äußeren Untersystems erfordert ein flexibles Ladungsmodell. Diese Voraussetzung ist für das polarisierte Einbettungsschema notwendig, das in zwei Ansätze unterteilt werden kann. Es wird unterschieden zwischen den Schemata, in denen das polarisierbare Ladungsmodell vom elektrischen Feld der QM-Elektronendichte polarisiert wird, aber nicht auf die QM-Region zurückwirkt (Modell C) und den selbstkonsistenten Formulierungen, die eine gegenseitige Polarisierbarkeit erlauben, indem die polarisierbare MM-Region in den Hamilton-Operator aufgenommen wird. Beide Modelle stellen eine Verbesserung gegenüber der elektrostatischen Einbettung da. Es gibt allerdings nur wenige Beispiele[141, 142] aus der Anwendung auf biomolekulare Systeme. Aufgrund der fehlenden polarisierbaren Kraftfelder ist deren Entwicklung noch nicht abgeschlossen.[98]

Eine akkurate Beschreibung der elektrostatischen Wechselwirkungen zwischen den unterschiedlich beschriebenen Regionen ist essenziell, um Biomoleküle wie Rhodopsin im Rahmen dieser Arbeit wirklichkeitsnah zu simulieren. Zusätzliche QM-MM-Wechselwirkungen kommen durch Bindungs- und van-der-Waals-Terme zustande. Allerdings ist deren Behandlung deutlich einfacher, da sie unabhängig vom QM/MM-Schema auf dem MM-Niveau erfolgt. Bei den van-der-Waals-Wechselwirkungen, die über das Lennard-Jones-Potential beschrieben werden (2.87), müssen geeignete Parameter für die Atome der inneren Region eingesetzt werden. Aufgrund der kurzreichweitigen Natur der van-der-Waals-Wechselwirkungen sind speziell die QM-Atome an der Grenze zu MM-Atomen betroffen. Die Ermittlung der speziellen Lennard-Jones-Parameter

2.5. Hybrid QM/MM-Verfahren

die konsistent mit dem Kraftfeld sind, kann verhindern, dass sich die Atome an der QM-MM Grenze zu nahe komme und es zur Überpolarisation kommt. Die Reoptimierung der Parameter ist aber eher die Ausnahme[143, 144]. In der Praxis wird pragmatisch der Standard Parametersatz verwendet. Ähnlich geht man bei bindenden QM-MM-Wechselwirkungen vor.

2.5.4 QM/MM-Grenzschema

Durch die Einteilung des Gesamtsystems in Regionen, die mit unterschiedlichen Methoden berechnet werden, können kovalente Bindungen durch die QM-MM-Grenze geteilt werden. Spezielle Verfahren wurden entwickelt, um die Trennung der Bindung auszugleichen und Unregelmäßigkeiten an dem Übergang zwischen der quantenmechanischen und der klassischen Beschreibung zu vermeiden. Eine Ausnahme ist die Anwendung der QM/MM-Hybridverfahren auf Untersuchungen der Solvatation oder allgemein von Reaktionen, bei denen die innere Region vollständig quantenmechanisch erfasst wird. In den meisten Fällen lässt es sich nicht vermeiden, dass eine Bindung durch die QM/MM-Grenze getrennt wird, wie in Abbildung 2.5 veranschaulicht. Die direkt miteinander verbundenen QM- und MM-Atome werden entsprechend ihrer Beschreibung mit *Q1* bzw. *M1* bezeichnet. Die nächsten damit verbundenen Nachbarn werden *Q2* bzw. *M2* genannt. Zusätzlich wird in den Linkatom-Schemata zwischen Q1 und M1 ein sogenanntes Linkatom *L* eingefügt. Daneben gibt es zwei weitere Ansätze, die Grenzatome und fixierte lokalisierte Orbitale verwenden.

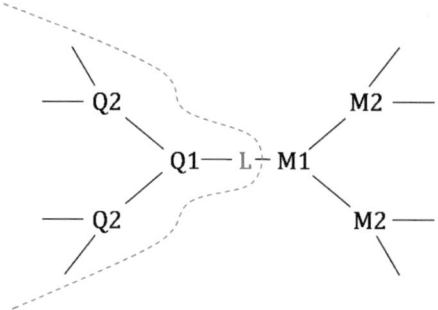

Abbildung 2.5 Zuordnung der Atome in QM- und MM-Bereich.

Für den Fall einer durchtrennten kovalenten Bindung kann die Absättigung der freiwerdenden Valenz durch ein Link-Atom[113, 114] erfolgen. Dieses Atom wird zusammen mit der inneren Region als ein elektronisch gesättigtes System in der QM-Berechnung verwendet. Das Linkatom ist häufig ein Wasserstoffatom, aber auch andere Atome oder funktionale Gruppen können genutzt werden. Die *Q1*-*M1*-Bindung wird auf dem MM-Niveau beschrieben. Die Einführung des Link-Atoms ist allerdings mit Problemen verbunden. Der Charakter der getrennten Bindung kann sich ändern, da das Linkatom sich chemisch von dem *M1* Atom unterscheidet. Durch die Nähe zu *M1* kann es zur Überpolarisierung der QM-Ladungsdichte kommen. Jedes Linkatom erzeugt außerdem drei künstliche Freiheitsgrade in dem Gesamtsystem. Trotz aller Probleme hat sich das Linkatom-Schema in QM/MM-Simulationen etabliert. Es wurde eine Reihe von Verfahren entwickelt, um die Nachteile zu beseitigen bzw. zu mindern. Die Freiheitsgrade des Link-Atoms werden durch die Einführung von Zwangsbedingungen eliminiert.[136, 145] Hierbei wird die Position des Linkatoms *L* als eine Funktion der *Q1*- und *M1*-Koordinaten definiert. Eine weitere Bedingung platziert das Link-Atom entlang der *Q1*-*M1*-Bindung und legt den Skalierungsfaktor zur Berechnung der *Q1*-*L* Bindungslänge fest.[119, 124, 146-150] Die Koordinaten der Linkatome verschwinden aus der Menge der unabhängigen Variablen und werden nicht in der QM/MM-Moleküldynamik- oder Geometrieoptimierungssimulation erfasst. Die Gradienten der Link-Atome aus den quantenmechanischen Berechnungen werden auf die Atome verteilt, die deren Position bestimmen. Damit sind die Link-Atome auch frei von Kräften und werden vollständig durch die Positionierungsregeln bestimmt.

Der Effekt der Überpolarisierung durch die unmittelbare Nähe der QM-Elektronendichte zur Punktladungen wird durch die Einführung der Link-Atome noch ausgeprägter, da der Abstand zur nächsten Punktladung kürzer wird. Je größer der Basissatz und die Anzahl der polarisierbaren sowie diffusen Funktionen in diesem Bereich werden, desto kritischer wird das Problem an der QM/MM-Grenze. Beim Einsatz semiempirischer Methoden kann die Parametrisierung an die Eigenschaften der durchtrennten Bindung angepasst werden.[151] Es wurde eine Reihe von Ansätzen entwickelt, um die Überpolarisierung abzuschwächen:

- Vernachlässigung der Einelektronenintegrale, die zu den Link-Atomen gehören[114, 117, 149, 152, 153]
- Weglassen der Punktladungen in der Grenzregion aus dem modifizierten Hamiltonoperator[113, 134, 146, 154-159]
- Umverteilen der Punktladungen der *M1*- auf *M2*-Atome[118, 148, 159-161118, 161]
- Ersetzen der Punktladungen durch gaußförmige Ladungsverteilung (Gaussian Blur)[147, 154, 162]

Vor allem die letzten beiden Methoden bewahren die Gesamtladung und können das Dipolmoment korrigieren und dabei gleichzeitig die Polarisation an der Grenze der Teilsysteme verhindern.

In einer alternativen Methodik wird auf das Link-Atom verzichtet und damit auch auf die Einführung eines neuen zusätzlichen Atoms. Im sogenannten Grenzatomschema wird das MM-Atom *M1* verwendet, um die gespaltene Bindung

2.5. Hybrid QM/MM-Verfahren

abzusättigen. Dieses Atom hat unveränderte Eigenschaften in der MM-Rechnung. Die elektronischen Eigenschaften werden aber so gewählt, dass es dem MM-Rest möglichst nahe kommt. Es handelt sich also um ein Pseudoatom bzw. ein effektives Potential, das die gleichen Koordinaten wie *M1* hat und so parametrisiert ist, dass dessen Eigenschaften reproduziert werden. So kann beispielsweise die freie Valenz einer durchgeschnittenen C-C Einfachbindung durch ein Pseudoatom mit den Eigenschaften einer Methylgruppe gesättigt werden. Es gibt speziell parametrisierte Grenzatome für semiempirische QM-Methoden[151], den Pseudobindungsansatz für *ab-initio* und DFT-Methoden[163-165] und maßgeschneiderte Pseudopotentiale für QM-Methoden auf der Basis ebener Wellen[166]. Weitere Entwicklungen des Grenzatomschemas haben noch keine breite Anwendung gefunden.[167-173]

Der ursprüngliche Ansatz der QM/MM-Methode, QM- und MM-Rechnungen zu kombinieren[112], nutzte fixierte Hybridorbitale, um durchgeschnittene Bindungen abzusättigen. Eine Reihe von Methoden, die auf dieser Idee von Warshel und Levitt basieren, wurde seitdem entwickelt. Das Ziel ist, geeignete lokalisierte Orbitale zu finden, die entweder an *Q1* oder *M1* angeheftet werden. Diese Orbitale werden fixiert und aus dem SCF-Iterationsverfahren entfernt.

- In der Methode des lokalen selbstkonsistenten Feldes (LSCF)[174-177] wird die Grenzbindung zunächst in der QM-Rechnung mitberücksichtigt. Auf der Grundlage der Berechnung wird für die Bindung ein streng lokalisiertes Bindungsorbital (SLBO) kostruiert, das ausschließlich Beiträge von dem jeweiligen Randatom hat. In der anschließenden QM/MM-Simulation wird dieses Orbital aus dem SCF-Iterationsverfahren ausgenommen, sodass es unverändert bleibt. Das Bindungsorbital ist entlang des *M1-Q1* Vektors orientiert und kann als ein nichtbindendes Elektronenpaar betrachtet werden. Modifikationen dieser Methode gehen aus von extrem lokalisierten Molekülorbitalen (ELMO)[178-180], fixierten Kernorbitalen an Atomen in der Grenzregion[181] und einer optimierten LCSCF-Methode[182], die das Mischen mit antibindenden Gegenstücken erlaubt.

- Eine Alternative mit fixierten Orbitalen wurde in der Friesner-Gruppe entwickelt.[183, 184] Dabei werden mit erheblichem Aufwand die QM-MM-Wechselwirkungen möglichst genau parametrisiert, um die Konformationsenergie zu bestimmen.

- In der Methode der verallgemeinerten Hybridorbitale (GHO)[185-191] werden ebenfalls fixierte Orbitale verwendet, die allerdings auf dem *M1*-Atom platziert werden. Dieses Atom wird also nicht mehr rein molekularmechanisch behandelt, und damit verschwindet die Unterscheidung zwischen dem Grenzatom- und dem Ansatz der fixierten Orbitale. Die MOs des *Q1*-Atoms werden mit den anderen Orbitalen gemischt, indem sie an den SCF-Iterationen teilnehmen.

- Ein ganz anderer Ansatz verwendet effektive Fragmentpotentiale (EFP)[125, 192, 193]. Dabei werden in vorbereitenden Rechnungen an Modellsystemen Einelektronenterme hergeleitet, welche die elektrostatischen, induktiven und repulsiven Wechselwirkungen für das untersuchte Fragment abbilden. Diese EFP gehen dann in den Hamilton-Operator der QM-Rechnung ein, wo sie den Einfluss der unmittelbaren Umgebung auf den QM-Teil beschreben. Die Methodik wurde ursprünglich entwickelt, um Solvatisierungseffekte in QM-Rechnungen zu modellieren. Die Anpassung für QM/MM-Anwendungen wurde durch die Einführung der LSCF-basierten Prozedur zur Behandlung der durchgetrennten Bindung vollzogen. In weiteren Modifikationen wurde die Beschränkung der räumlich fixierten Fragmente aufgehoben.

Diese Methoden wurden in verschiedenen Untersuchungen evaluiert. Wegen der einfacheren technischen Umsetzung wurden die Linkatomschemata am häufigsten eingesetzt. So wurden verschiedene Verfahren miteinander verglichen, die Linkatome verwenden und sich in der Behandlung der Ladungen an der Grenze unterscheiden.[152, 159, 162, 194-196] Daneben gibt es Vergleiche von Verfahren, die Linkatome und fixierte Orbitale verwenden.[152, 194, 195, 197] Die beiden unterschiedlichen Ansätze erscheinen bei sorgfältiger Anwendung gleichwertig in der Leistungsfähigkeit und Genauigkeit. Die Hybridorbitalmethode verspricht von der theoretischen Grundlage eine bessere Beschreibung der QM/MM-Grenze, da die Atome *Q1* und *M1* quantenmechanisch behandelt werden. Sie sind aber mit einem deutlich höheren technischen Aufwand verbunden und können deshalb kaum routinemäßig eingesetzt werden. Als Ursache sind vorbereitende Rechnungen an Modellsystemen zur Ermittlung der Orbitale und deren Parametrisierung zu nennen. Die Parameter müssen für jedes untersuchte System neu bestimmt werden und lassen sich nicht übertragen. Darüber hinaus fehlen systematische Untersuchungen und Vergleiche mit anderen Methoden.

Kapitel 3
Angeregte Zustände

3.1 Konische Durchschneidungen

In jenen Bereichen des Konfigurationsraums, in denen die Energiedifferenz zwischen den elektronischen Zuständen vergleichbar mit der Energielücke der Vibrationszustände der Kerne ist, kann Resonanz zwischen den Schwingungen und den elektronischen Übergängen auftreten. Die Population der adiabatischen Wellenfunktionen wird dann stark abhängig von der Dynamik der Kerne, und der nichtadiabatische Kopplungsoperator kann nicht mehr vernachlässigt werden. In Bereichen mit starker nichtadiabatischer Kopplung kann das Versagen der Born-Oppenheimer Näherung strahlungslose Übergänge hervorrufen, indem eine Populationsübertragung zwischen den unterschiedlichen elektronischen Zuständen durch Kerndynamik induziert wird. Außerdem kann es aufgrund der Kopplung dazu kommen, dass adiabatische Potentialflächen sich durchschneiden bzw. kreuzen. Diese Durchschneidungen stellen Trichter für strahlungslose Deaktivierung des angeregten Zustands dar und nehmen daher eine wichtige Rolle in der Photochemie ein.

Grundsätzlich sind alle elektronischen Zustände $\psi_i(r,R)$ an der nichtadiabatischen Kopplung beteiligt. Allerdings ist diese vernachlässigbar klein und gewinnt nur für solche Zustände an Bedeutung, die ein ähnliches Energieniveau besitzen. Die Dimension der nichtadiabatischen Kopplungsmatrix Λ wird reduziert, indem man die Anzahl der Zustände einschränkt.

Die nichtadiabatischen Kopplungsoperatoren Λ_{ij} sind delokalisierte Ableitungsoperatoren, die umgekehrt proportional zur Energiedifferenz zwischen den gekoppelten nichtadiabatischen Zuständen sind[198]

$$F_{ij}^k(R) = \frac{\hbar^2}{M_k}\langle\psi_i(r;R)|\nabla_{R_k}|\psi_j(r;R)\rangle = \frac{\hbar^2}{M_k}\frac{\langle\psi_i(r;R)|\nabla_{R_k}H^e|\psi_j(r;R)\rangle}{V_j - V_i} \quad (3.1)$$

Je kleiner die Energiedifferenz $(V_j - V_i)$ ist, desto größer wird die Kopplung, und das Wellenpaket, dessen Bewegung ursprünglich auf eine Potentialfläche beschränkt war, verteilt sich auf die andere, ohne dabei Energie zu verlieren. Dieser Vorgang entspricht einem strahlungslosen Übergang.

Wenn die Zustände entartet sind, wenn also $V_j - V_i = 0$ ist, geht die Kopplung gegen unendlich. Wegen der nichtlokalen Natur der Kopplungsmatrixelemente in der adiabatischen Darstellung wechselt man in die diabatische Darstellung, in der der nichtadiabatische Kopplungsvektor ein lokaler, potentialartiger Operator ist. Der Wechsel zu den diabatischen Wellenfunktionen φ^{dia} erfolgt durch die unitäre Transformation der adiabatischen Wellenfunktionen ψ^{adia} an jedem Punkt im Raum[198]

$$\varphi^{dia} = S(R)\psi^{adia} \qquad (3.2)$$

Der obere Index wird der Einfachheit halber weggelassen. In der diabatischen Darstellung wird der komplette Hamilton-Operator zu

$$H_{ij}(R) = T_N \delta_{ij} + W_{ij}(R) \qquad (3.3)$$

und die molekulare Schrödinger-Gleichung kann in die Matrixdarstellung umgeschrieben werden

$$H_\chi = [T_N \mathbf{1} + W(R)]_\chi = E_\chi \qquad (3.4)$$

wo $\mathbf{1}$ die Einheitsmatrix, χ der Vektor der Kernwellenfunktion und W(R) die diabatische Potentialenergiematrix ist, die im Gegensatz zur adiabatischen Potentialmatrix V(R) nur lokale Terme enthält.

Für ein System, in dem die Kopplung ausschließlich auf zwei diabatische Zustände A und B beschränkt ist, kann das Konzept der Durchschneidung der Potentiale erklärt werden, indem man die Matrixelemente des Potentials in eine Taylorreihe um einen beliebigen Punkt R_0 entwickelt

$$W(R - R_0) = W^{(0)} + W^{(1)} + W^{(2)} + \cdots \qquad (3.5)$$

Den Punkt R_0 kann man so festlegen, dass die diabatischen und die adiabatischen Zustände gleich sind. Dann ist die Matrix nullter Ordnung $W^{(0)}$ eine Diagonalmatrix, deren Elemente den Energien E_A, E_B der diabatischen Zustände ϕ_A, ϕ_B entsprechen. Durch die Wahl von R_0 als Ursprung sind diese Energien identisch mit den adiabatischen Energien V_1 und V_2, weshalb gilt:

3.1. Konische Durchschneidungen

$$W^{(0)} = \frac{E_A + E_B}{2} \mathbf{1} + \begin{pmatrix} -\frac{E_B - E_A}{2} & 0 \\ 0 & \frac{E_B - E_A}{2} \end{pmatrix} = V(R_0) \qquad (3.6)$$

Für kleine Auslenkungen ΔR um R_0 kann die Taylorentwicklung nach dem Term erster Ordnung abgebrochen werden:

$$W^{(1)} = \frac{\lambda \cdot \Delta R}{2} \mathbf{1} + \begin{pmatrix} -\frac{1}{2}\delta\kappa \cdot \Delta R & \kappa^{AB} \cdot \Delta R \\ \kappa^{AB} \cdot \Delta R & \frac{1}{2}\delta\kappa \cdot \Delta R \end{pmatrix} \qquad (3.7)$$

mit den linearen Konstanten

$$\delta\kappa \equiv \nabla_R (E_B - E_A)|_{R_0}$$
$$\kappa^{AB} \equiv \nabla_R \langle \varphi_A | H^e | \varphi_B \rangle|_{R_0} \qquad (3.8)$$
$$\lambda \equiv \nabla_R (E_A + E_B)|_{R_0}$$

Unter der Bedingung, dass R_0 ein Punkt der Entartung ist und damit E_A und E_B gleich sind, wird $W^{(0)}$ eine Konstante, die man gleich Null setzen kann. Durch die Diagonalisierung der diabatischen Potentialmatrix W erhält man die adiabatischen Potentialflächen V_1 und V_2

$$V_{1,2} = \frac{1}{2}\lambda \cdot \Delta R \pm \frac{1}{2}\sqrt{[\delta\kappa \cdot \Delta R]^2 + 4[\kappa^{AB} \cdot \Delta R]} \qquad (3.9)$$

Eine notwendige Bedingung für die Kreuzung zweier Potentialflächen ist, dass deren Energien bei R_0 entartet sind. Deshalb muss die Wurzel in (3.9) verschwinden, was

$$\delta\kappa \cdot \Delta R = 0$$
$$\kappa^{AB} \cdot \Delta R = 0 \qquad (3.10)$$

erfordert. Damit wird die Entartung in einem zweidimensionalen Raum aufgehoben, der durch die Koordinaten $\delta\kappa$ und κ^{AB}, den Gradientendifferenzvektor und den nichtadiabatischer Kopplungsvektor, aufgespannt wird. Diesen Raum, der durch diese beiden Vektoren aufgespannt wird, bezeichnet man auch als Verzweigungsraum bzw. $g - h$-Ebene. Trägt man die Energie der beiden Zustände über die beiden Koordinaten auf, so ergeben die beiden Potentialflächen in unmittelbarer Umgebung des Entartungspunktes in linearer Näherung einen Doppelkonus (Abbildung 3.1 und 3.2). Von dieser Anschauung rührt der Name konische Durchschneidung her.

Orthogonal zum zweidimensionalen Verzweigungsraum existiert ein sogenannter Durchdringungsraum, in dem die Zustände bis zur ersten Ordnung entartet sind. In einem Molekül mit F Freiheitsgraden formt der Durchdringungsraum einen $F - 2$ dimensionalen Saum bzw. eine Hyperlinie, an der jeder Punkt einer konischen Durchdringung entspricht. Falls ein Molekül weniger als zwei Freiheitsgrade besitzt, können die beiden Bedingungen für Entartung (3.10) nicht gleichzeitig erfüllt werden. Deshalb gilt die von Wigner und Neumann postulierte „Nichtkreuzungsregel"[199] für zweiatomige Moleküle.

Ruedenberg und Mitarbeiter haben die Topografien von zwei Potentialflächen in der Nähe deren Durchschneidung untersucht.[200] Drei Typen wurde dabei gefunden. Einer davon hat das Muster eines Doppelkonus, der etwas gekippt sein kann, allerdings ist charakteristisch, dass die obere Potentialfläche in alle Richtungen von der Durchschneidung zunimmt und die untere abnimmt. Dieser Typ wird als *peaked* bezeichnet. Ein weiterer Typ wird als *sloped* bezeichnet, dieser ist dadurch charakterisiert, dass beide Potentialflächen schräg sind und sich entlang ihrer Schräglage berühren. Der dritte Typ ergibt sich aus einer Mischung der beiden erstgenannten Typen und heißt *intermediate*. Diese Art von Topografie ist durch eine horizontale Neigung der Potentiale gekennzeichnet.

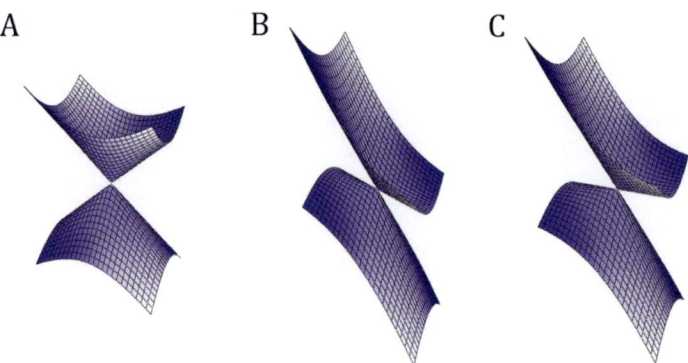

Abbildung 3.1 Drei Typen von konischen Durchschneidungen. **A**: *peaked*, **B**: *sloped*, **C**: *intermediate*.

3.1. Konische Durchschneidungen

Für eine kleine Auslenkung q von der Kegelspitze in den Verzweigungsraum, wird aus der Matrix der diabatischen Energie

$$U_{A,B}(q) = \begin{pmatrix} H_{AA}(q) & H_{AB}(q) \\ H_{AB}(q) & H_{BB}(q) \end{pmatrix}$$
$$= S(q)\mathbf{1} + \begin{pmatrix} -\Delta H(q) & H_{AB}(q) \\ H_{AB}(q) & \Delta H(q) \end{pmatrix} \quad (3.11)$$

mit

$$\Delta H(q) = \frac{H_{BB}(q) - H_{AA}(q)}{2} = \delta\kappa \cdot q$$
$$H_{AB}(q) = \kappa^{AB} \cdot q \quad (3.12)$$
$$S(q) = \frac{H_{BB}(q) + H_{AA}(q)}{2}$$

Die Matrix $U_{A,B}(q)$ ist eine Zwei-Zustands-Hamilton-Matrix, die in der Basis der Eigenvektoren am Referenzpunkt R_0 definiert ist. Für diesen Punkt sind die diabatischen und die adiabatischen Basen identisch. Die Potentialmatrix $U_{A,B}(q)$ kann durch die Rotationsmatrix $T(q)$ diagonalisiert werden, um die adiabatischen Energien V_1 und V_2 zu erhalten

$$T(q) = \begin{pmatrix} cos[\theta(q)] & -sin[\theta(q)] \\ sin[\theta(q)] & cos[\theta(q)] \end{pmatrix} \quad (3.13)$$

Dabei ist $\theta(q)$ ein Rotationswinkel, der nach Gleichung (3.12) definiert ist als

$$\theta(q) = \frac{1}{2} arctan\left[\frac{2H_{AB}(q)}{\Delta H(q)}\right]$$
$$= \frac{1}{2} arctan\left[\frac{2\kappa^{AB} \cdot q}{\delta\kappa \cdot q}\right] \quad (3.14)$$
$$= \frac{1}{2} arctan\left[\frac{y}{x}\right]$$

wo x und y als skalierte Koordinaten eingeführt wurden. Diese können durch die Beziehung

$$r = \sqrt{x^2 + y^2}$$
$$\phi = \arctan\left[\frac{2y}{x}\right] \tag{3.15}$$

in Polarkoordinaten r und ϕ transformiert werden

$$\theta(H_{AB}, \Delta H) = \frac{\phi}{2} \tag{3.16}$$

Demzufolge gibt es einen einfachen Zusammenhang zwischen der Winkelkoordinate ϕ, welche die Rotation um die Kegelspitze in dem Verzweigungsraum definiert, und dem Mischungswinkel θ der diabatischen Zustände φ_A und φ_B. Da das Mischen nur von dem Polarwinkel ϕ und nicht von der Radialkoordinate r abhängt, ist es konstant entlang der Linie, ausgehend von der Spitze des Doppelkonus. Wegen dieser Beziehung ändert die adiabatische Wellenfunktion als Folge einer ganzen Rotation um die Spitze das Vorzeichen. Durch den Vergleich der Wellenfunktionen für $\phi = \phi_0$ und $\phi = \phi_0 + 2\pi$ kann der Vorzeichenwechsel veranschaulicht werden. Einfügen der Gleichung (3.16) in die Rotationsmatrix $T(q)$ (3.13) und anschließende Substitution mit ϕ_0 ergibt

$$\psi_1 = \cos\left[\frac{\phi_0}{2}\right]\varphi_A - \sin\left[\frac{\phi_0}{2}\right]\varphi_B \tag{3.17}$$

und

$$\psi_2 = \sin\left[\frac{\phi_0}{2}\right]\varphi_A + \cos\left[\frac{\phi_0}{2}\right]\varphi_B \tag{3.18}$$

Durch die Substitution mit $\phi = \phi_0 + 2\pi$ und den Vergleich erhält man

$$\begin{aligned}\psi_1 &= \cos\left[\frac{\phi_0 + 2\pi}{2}\right]\varphi_A - \sin\left[\frac{\phi_0 + 2\pi}{2}\right]\varphi_B \\ &= \sin\left[\frac{\phi_0}{2}\right]\varphi_A - \cos\left[\frac{\phi_0}{2}\right]\phi_B = -\psi_1\end{aligned} \tag{3.19}$$

Da die Eindeutigkeit der Wellenfunktion zu den Postulaten der Quantenmechanik gehört, bedeutet dies, dass die konische Durchdringung eine Singularität ist. Diese Singularität ist eine Konsequenz der Trennung der elektronischen und der Kern-Freiheitsgrade, die nicht in der Nähe von Potentialkreuzungen gilt. Somit

3.1. Konische Durchschneidungen

existiert die Singularität nur für die adiabatische elektronische Wellenfunktion und ist beseitigt durch die Kern-Wellenfunktion, sodass die gesamte molekulare Wellenfunktion eine eindeutige Funktion ist. Darüber hinaus kann der Abbildung 3.2 entnommen werden, dass eine Rotation um π die Ordnung der elektronischen Zustände vertauscht. Dies kann durch Einsetzen von $\phi = \phi_0 + \pi$ in Gleichung (3.16) demonstriert werden

$$\psi_1 = \cos\left[\frac{\phi_0 + \pi}{2}\right] \varphi_A - \sin\left[\frac{\phi_0 + \pi}{2}\right] \varphi_B$$
$$= \sin\left[\frac{\phi_0}{2}\right] \varphi_A - \cos\left[\frac{\phi_0}{2}\right] \phi_B = -\psi_2 \quad (3.20)$$

Diese Eigenschaft der konischen Durchschneidung kann beispielsweise in einem Surface-Hopping-Algorithmus genutzt werden, um zu erkennen, wann in einer klassischen Moleküldynamiksimulation die Hyperlinie durchquert wurde.

Die konische Durchdringung ist ein zentrales, mechanistisches Merkmal der photochemischen Reaktion. Robb et al.[58] ziehen sogar eine Parallele zwischen der Bedeutung der Potentialkreuzung für die photochemische Reaktivität und den Übergangszuständen in den Grundzustandsreaktionen. Der Übergangszustand bildet eine Engstelle, die eine Reaktion auf dem Weg zum Produkt passieren muss. Ähnlich bildet auch eine konische Durchdringung eine Engstelle, die den Abzweig des angeregten Zustands des Reaktionspfads von dem Grundzustand separiert. Der entscheidende Unterschied zwischen einer konischen Durchschneidung und einem Übergangszustand ist, dass der letztere ein Reaktandenminimum mit einem Produktminimum über einen Reaktionspfad verbindet, während eine konische Durchschneidung eine Kegelspitze im Grundzustand darstellt und zwei oder mehr Produkte über verschiedene Pfade verbindet.

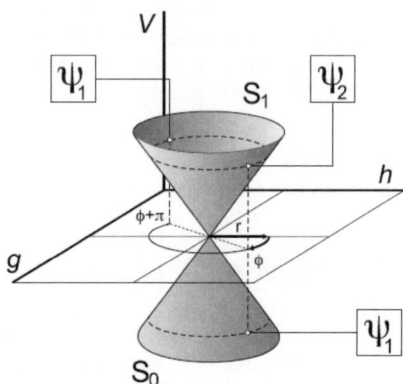

Abbildung 3.2 Konische Durchschneidung zweier Potentialflächen. Die Wellenfunktion Ψ_1 beschreibt S_0 und Ψ_2 beschreibt S_1. Die beiden Vektoren g (Gradientendifferenz) und h (nichtadiabatischer Kopplung) spannen den Verzweigungsraum auf. Abbildung modifiziert aus Referenz 201.

3.2 Surface Hopping

Um die Dynamik einer photochemischen Reaktion zu simulieren, müssen die Potentialflächen des Grund- und des angeregten Zustands präzise beschrieben werden. Die Reaktion beginnt nach der Photoanregung im angeregten Zustand, endet aber im Grundzustand. Daher ist es wichtig, den strahlungslosen Übergang zwischen diesen beiden Zuständen auf einer Weise zu modellieren, die konsistent mit der QM-Methode ist.

Wenn eine hinreichend genaue Beschreibung der adiabatischen Born-Oppenheimer Potentialenergieflächen zur Verfügung steht, kann die Dynamik der Kerne durch numerische Integration der zeitabhängigen Schrödinger-Gleichung oder der Newtonschen Bewegungsgleichungen gelöst werden. Im ersten Fall wird die Dynamik auf dem quantenmechanischen Niveau behandelt, indem Wellenpakete auf der elektronischen Potentialfläche erzeugt werden. In dieser Methode können Übergänge in der Nähe oder an konischen Durchdringungen sehr genau beschrieben werden. Ein Wellenpaket erzeugt in der Nähe eines Potentialwechsels neue Pakete auf beiden Flächen. Die Übergangswahrscheinlichkeit wird durch die nicht-adiabatischen Kopplungselemente gesteuert. An einer konischen Durchdringung ist diese

3.2. Surface Hopping

Kopplung am stärksten, was zu einem effektiven Transfer des gesamten Wellenpakets zur unteren Potentialfläche führt. Eine Voraussetzung für Wellenpaketdynamik ist, dass die zu untersuchenden Potentialflächen im Voraus bekannt sind. Der damit verbundene Rechenaufwand steigt mit der Anzahl der Freiheitsgrade des molekularen Systems, und deshalb ist Wellenpaketdynamik in der Praxis auf kleine Systeme beschränkt. Für Probleme im Zusammenhang mit dem in dieser Arbeit bearbeiteten Retinalchromophor verbieten die Komplexität und die Systemgröße den Einsatz der Wellenpaketdynamik.

Alternativ können die Newtonschen Bewegungsgleichungen genutzt werden, um die Trajektorien einer MD-Simulation zu berechnen. Dabei wird angenommen, dass Atomkerne sich nach den Gesetzen der klassischen Mechanik verhalten; ihre quantenmechanische Natur wird vernachlässigt. Im Hinblick auf den Rechenaufwand ist die klassische Moleküldynamik um mehrere Größenordnungen effektiver als Wellenpaketdynamik. Sie hat außerdem den Vorteil, dass die Potentialfläche während der Dynamik *on-the-fly* berechnet wird. Allerdings hat die Vernachlässigung der Quanteneffekte den Nachteil, dass kein Wechsel zwischen den Potentialflächen erfolgen kann. In jedem Zeitschritt der Simulation muss also die Entscheidung getroffen werden, ob ein Übergang erfolgt oder nicht. Diese Funktion übernehmen sogenannte Surface-Hopping-Algorithmen, die anhand von bestimmten zeitabhängigen Veränderungen einen Wechsel der Potentialflächen bewirken.

Landau[202] und Zener[203] haben unabhängig voneinander die Übergangswahrscheinlichkeit zwischen zwei elektronischen Zuständen ψ_1 und ψ_2 formuliert

$$P_{2\to 1} = e^{-\frac{1}{4}\pi\xi} \tag{3.21}$$

Dabei ist der Massey-Parameter ξ definiert als[204]

$$\xi = \frac{\Delta E}{\hbar \frac{\partial Q}{\partial t} \cdot g(Q)} \tag{3.22}$$

wobei Q die eindimensionale Reaktionskoordinate der Kerne ist, ΔE die Energiedifferenz der beiden adiabatischen Zustände und

$$g(Q) = \langle \psi_1 | \nabla_Q \psi_2 \rangle \tag{3.23}$$

Durch Ableiten von ψ_2 nach der Zeit t kann ξ umgeschrieben werden zu

$$\xi = \frac{\Delta E}{\hbar \left\langle \psi_1 \middle| \frac{\partial \psi_2}{\partial t} \right\rangle} \tag{3.24}$$

Um zu entscheiden, ob ein Übergang zur anderen Energiepotentialfläche stattfindet, muss $\left\langle \psi_1 \middle| \frac{\partial}{\partial t} \psi_2 \right\rangle$ in jedem Zeitschritt der Simulation evaluiert werden. Für eine Problemstellung mit zwei Zuständen und einem kleinen Zeitschritt Δt zur Integration der Bewegungsgleichungen der Kerne wird zur Zeit t definiert

$$\psi_1(t) = \varphi_A$$
$$\psi_2(t) = \varphi_B \tag{3.25}$$

Dabei sind φ_A und φ_B die diabatischen elektronischen Zustände. Zum Zeitpunkt $t + \Delta t$ mischen sich die Zustände wegen der nichtadiabatischen Kopplung. Für einen unendlich kleinen Zeitschritt lässt sich die Änderung der Wellenfunktion formulieren als

$$\psi_1(t + \Delta t) = \varphi_A + \beta \varphi_B$$
$$\psi_2(t + \Delta t) = -\beta \varphi_A + \varphi_B \tag{3.26}$$

dabei ist β der Mischungskoeffizient. Die numerische Differenzierung ergibt

$$\frac{\partial}{\partial t} \psi_2 = -\beta \frac{\varphi_A}{\Delta t} \tag{3.27}$$

und führt zum folgenden Ausdruck:

$$\left\langle \psi_1 \middle| \frac{\partial}{\partial t} \psi_2 \right\rangle \approx -\frac{\beta}{\Delta t} \tag{3.28}$$

Da

$$\langle \psi_1(t) | \psi_2(t + \Delta t) \rangle = -\beta \tag{3.29}$$

ist, kann $\langle \psi_1(t) | \psi_2(t + \Delta t) \rangle$ als numerische Näherung für $\left\langle \psi_1 \middle| \frac{\partial}{\partial t} \psi_2 \right\rangle$ in den Massey Parameter eingesetzt werden.

Die Energiedifferenz ΔE und $\langle \psi_1(t) | \psi_2(t + \Delta t) \rangle$ kann in die Landau-Zener-Formel eingesetzt und damit für jeden Schritt die Übergangswahrscheinlichkeit

3.2. Surface Hopping

zum anderen Potential berechnet werden. Ein Übergang erfolgt, wenn die Wahrscheinlichkeit gegen 1 geht, also in der Nähe der Hyperlinie, wo $\Delta E \approx 0$ und zusätzlich $|\langle \psi_1(t)|\psi_2(t+\Delta t)\rangle| \approx 1$. Die erste Bedingung ist eine der Definitionen der Durchdringung und die zweite folgt aus der Gleichung (3.20). Wie in Abbildung 3.2 zu sehen, führt das Passieren einer Durchdringung in einem Zeitschritt Δt zu Geometrien zur Zeit t und $t + \Delta t$ die sich im Bezug auf die Spitze der Kegel gegenüberliegen. Das Kreuzen der Hyperlinie entspricht daher einer Halbkreisrotation der Wellenfunktion

$$\begin{aligned}\langle \psi_1(t)|\psi_2(t+\Delta t)\rangle &= \langle \psi_1(\phi)|\psi_2(\phi+\pi)\rangle \\ &= -\langle \psi_1(\phi)|\psi_1(\phi)\rangle \\ &= -\langle \psi_1(t)|\psi_1(t)\rangle \\ &= -1\end{aligned} \quad (3.30)$$

Wenn der Wechsel der Potentialfläche ausschließlich an der Hyperline erfolgt, kann die klassische Trajektorie das diabatische Potential nicht verlassen, die Energie und die Geschwindigkeiten bleiben erhalten. Das strenge diabatische Hoppingkriterium könnte daher zu einer Unterschätzung der Populationsübergangswahrscheinlichkeit führen, weil ein Sprung mit großer nichtadiabatischer Kopplung weit weg von der Durchschneidung verboten ist. Wegen der hohen Dimensionalität der Hyperlinie können die meisten Trajektorien den Übergang an Stellen mit hoher Wahrscheinlichkeit erreichen.

Kapitel 4
Simulationsverfahren

In den vorherigen Kapiteln wurden Konzepte zur Berechnung der Energie eines molekularen Systems vorgestellt. Im Zusammenhang mit chemischen Prozessen bzw. Reaktionen interessiert man sich für die Energie des Systems als Funktion der Geometrie. Die Geometrie und die Energie spannen einen mehrdimensionalen Raum auf, die sogenannte Potentialhyperfläche. Idealerweise ist die Gestalt der Potentialhyperfläche erforderlich, um den untersuchten chemischen Prozess zu verstehen. Da deren Berechnung zu aufwendig ist, beschränkt man sich auf die Untersuchungen einiger Punkte bzw. Bereiche der Hyperfläche.[205, 206] Dabei werden hauptsächlich drei Simulationsverfahren verwendet:
- Geometrieoptimierung
- Moleküldynamik
- Monte-Carlo-Simulation

Im Rahmen dieser Arbeit wurden die beiden ersten Verfahren eingesetzt, die im Weiteren näher erläutert werden.

4.1 Geometrieoptimierung

Die Untersuchung von Potentialhyperflächen für ein beliebiges Molekül bestehend aus N Atomen ist ein hochdimensionales Problem, denn formal hat man $3N-6$ unabhängige Variablen (bzw. $3N-5$ für lineare Moleküle). Es handelt sich um komplizierte Funktionen, die analytisch nicht gelöst werden können. Die Berechnung der gesamten Hyperfläche ist für chemische Systeme mit mehr als 2 Atomen nicht möglich. Oft wird jedoch die komplette Potentialfläche gar nicht benötigt, sondern es genügt die Kenntnis einiger ausgezeichneter Punkte. Diese Punkte sind stationäre Geometrien, die z. B. einem Minimum oder einem Sattelpunkt der Hyperfläche entsprechen. Die Ermittlung dieser Punkte wird als Geometrieoptimierung bezeichnet.

Für stationäre Punkte ist charakteristisch, dass die erste Ableitung der Energie nach den Koordinaten der Kerne

$$\vec{g} = \frac{\delta E}{\delta \vec{x}} \tag{4.1}$$

verschwindet. Hierbei ist $\vec{x}$ ein Vektor aus allen $3N$ Kernkoordinaten, $\vec{g}$ ein Vektor der $3N$ Ableitungen und E die Energie. Am effektivsten werden die Gradienten analytisch berechnet. Falls es nicht möglich ist, werden diese durch Differenzenquotienten numerisch angenähert.

Mit Hilfe der Gradienten wird iterativ eine Anordnung der Kerne $\vec{x}^0$ ermittelt, für die E ein Minimum ist

$$\vec{x}^{(k+1)} = \vec{x}^{(k)} - \lambda^{(k)} \vec{g}^{(k)} \tag{4.2}$$

mit λ als Schrittweitenparameter. Im Verfahren des steilsten Abstiegs werden die Schritte $\vec{x}^{(k+1)} - \vec{x}^{(k)}$ in die negative Gradientenrichtung geführt. Die Konvergenz ist linear und damit relativ langsam. Schnellere Konvergenz erzielt man mit dem Newtonschen Verfahren. Das Konvergenzverhalten ist quadratisch, erfordert aber die Kenntnis der zweiten Ableitungen der Energie, deren Berechnung mit einem höheren Rechenaufwand verbunden ist. In diesem Verfahren ermittelt man das Minimum, indem man eine Kernanordnung sucht, für die der Gradient $\vec{g}$ ein Nullvektor ist

$$\vec{x}^{(k+1)} = \vec{x}^{(k)} - \lambda^{(k)} \left(\boldsymbol{H}^{(k)}\right)^{-1} \vec{g}^{(k)} \tag{4.3}$$

mit $\boldsymbol{H}$ als Hesse-Matrix, die die zweiten Ableitungen der Energie enthält. Um den Aufwand durch die Ermittlung der zweiten Ableitung zu reduzieren, verwendet man das Quasi-Newton-Verfahren, das auf die Berechnung der Hesse-Matrix verzichtet. Stattdessen setzt man

$$\vec{x}^{(k+1)} = \vec{x}^{(k)} - \lambda^{(k)} \boldsymbol{M}^{(k)} \vec{g}^{(k)} \tag{4.4}$$

wobei $\boldsymbol{M}$ eine Näherung der Inversen der Hesse-Matrix darstellt. Ausgehend von einer Startmatrix wird $\boldsymbol{M}$ in jedem Iterationsschritt verändert. Es gibt eine Reihe von Aktualisierungsalgorithmen für das Quasi-Newton-Verfahren:
- Meyer-Algorithmus[207, 208]
- Murtagh-Sargent-Powell[209]
- Broyden-Powell[210]
- Broyden-Fletcher-Goldfarb-Shanno[211-214]

Der prominenteste Vertreter der Quasi-Newton-Verfahren ist der von Broyden, Fletcher, Goldfarb und Shanno (BFGS) unabhängig vorgeschlagene Algorithmus.

4.2. Moleküldynamik 65

Dessen Implementierung in MOLCAS[215] wird für Optimierungen im Rahmen dieser Arbeit eingesetzt.
Eine Optimierung ist abgeschlossen, wenn sie konvergiert, d.h. wenn die Gradienten Null sind und die Änderung der Koordinaten im nächsten Optimierungsschritt sehr klein. In der Praxis werden aus numerischen Gründen Konvergenzkriterien festgelegt, die sehr klein, aber nicht exakt Null sind:[216]
- die größte Komponente der Kraft muss kleiner sein als der Grenzwert 0,00045 Hartree/Bohr,
- der quadratische Mittelwert der Kräfte darf nicht größer 0,0003 Hartree/Bohr sein,
- die Auslenkung der Koordinaten darf nicht 0,0018 Å überschreiten,
- der quadratische Mittelwert der Koordinatenänderung muss unter 0,0012 Å sein.

Diese vier Werte wurden im Gaussian[217] definiert und später von allen gängigen Programmpaketen übernommen. Dabei ist die Energieänderung zwischen zwei Schritten der Optimierung kein Kriterium für Konvergenz. Sie wird aber implizit berücksichtigt, weil kleine Gradienten und geringe Geometrieverlagerungen in der Nähe eines Minimums kleine Änderung der Energie zur Folge haben.

Die Effizienz einer Geometrieoptimierung ist von mehreren Faktoren abhängig: die Startgeometrie sollte nahe dem Minimum gewählt werden, die Weite des Optimierungsschrittes sollte dem Problem angepasst werden und die Näherung der Hesse-Matrix sollte möglichst gut sein. Darüber hinaus spielt die Wahl des Koordinatensystems eine große Rolle. Grundsätzlich unterscheidet man zwischen der Optimierung in kartesischen, Z-Matrix und redundant internen Koordinaten. Letztere sind in der Regel am effektivsten, aber es gibt auch Ausnahmen, wo die Z-Matrix oder eine Kombination mit kartesischen Koordinaten schneller zur Konvergenz führen.[218-223]

4.2 Moleküldynamik

Im Gegensatz zu Geometrieoptimierung wird in einer Moleküldynamik-Simulation die thermische Vibrationsenergie eines molekularen Systems berücksichtigt. Damit ist es grundsätzlich möglich, alle Regionen der Potentialfläche zu erkunden. Mit der kinetischen Energie ist es möglich, Barrieren auf der Potentialfläche zu überwinden und damit von sogenannten Minimalenergiepfaden abzuweichen.

Ein effizienter und stabiler Algorithmus zur Lösung der Newtonschen Bewegungsgleichungen ist der Verlet-Algorithmus, der auf dem Integrationsverfahren von Störmer aufbaut. Von den drei bekannten Varianten wird die Geschwindigkeitsform[224] im Rahmen dieser Arbeit verwendet. Es werden die Koordinaten r, die Geschwindigkeiten v und die Beschleunigungen a für den

Zeitpunkt t benötigt. Letztere erhält man durch die Berechnung der Gradienten, die entweder in einer quantenmechanischen, molekularmechanischen oder gemischten QM/MM-Rechnung ermittelt werden.

Zuerst werden die Koordinaten für den nächsten Zeitschritt $t + \delta t$ berechnet

$$r(t + \delta t) = r(t) + \delta t\, v(t) + \frac{1}{2}\delta t^2 a(t) \tag{4.5}$$

und die Halbschrittgeschwindigkeiten bestimmt

$$v\left(t + \frac{1}{2}\delta t\right) = v(t) + \frac{1}{2}\delta t\, a(t) \tag{4.6}$$

Für die neuen Koordinaten werden die Gradienten und daraus die Beschleunigungen für den Zeitschritt $t + \delta t$ errechnet. Mit diesen Daten kann die Berechnung der Geschwindigkeiten abgeschlossen werden

$$v(t + \delta t) = v\left(t + \frac{1}{2}\delta t\right) + \frac{1}{2}\delta t\, a(t + \delta t) \tag{4.7}$$

Der Vorteil der Geschwindigkeits-Formulierung des Verlet-Algorithmus gegenüber den anderen Varianten ist, dass das alle drei Variablen r, v und a zur für den gleichen Zeitpunkt vorliegen. Der gesamte Vorgang ist der Abbildung 4.1 zusammengefasst.

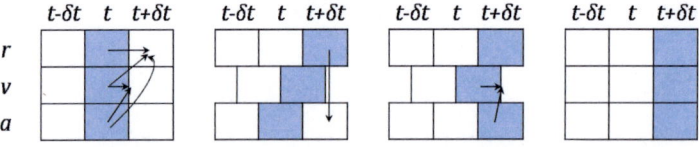

Abbildung 4.1 Die Geschwindigkeitsform des Verlet-Algorithmus. Jede Abbildung stellt einen Schritt dar. Die blau hinterlegten Felder kennzeichnen die gespeicherten Variablen für jeden dieser Schritte.

4.2.1 Erzeugung der Startbedingungen für Moleküldynamik

Um möglichst viel Information über die Potentialhyperfläche zu erhalten und um statistische Daten wie Reaktionsgeschwindigkeit und -ausbeute zu berechnen, reicht eine einzelne Trajektorie nicht aus. Deshalb berechnet man unterschiedliche Startbedingungen für ein Molekül und erzeugt damit ein Ensemble von Trajektorien.

Eine Möglichkeit, Startbedingungen zu erzeugen, ist die Projektion der Nullpunktsschwingungsenergie auf eine zufällige Startgeometrie und die zugehörige Geschwindigkeitsverteilung der Kerne.[225, 226] Ausgehend von der optimierten Geometrie wird die Nullpunktsschwingungsenergie nach einem Zufallsprinzip in einen kinetischen und einen potentiellen Energieteil aufgeteilt. Während die kinetische Energie mit den Geschwindigkeiten der Atome eines Moleküls verknüpft ist, ergibt sich die potentielle Energie aus der Verformung der optimierten Geometrie. Die Gesamtenergie, die zufällig verteilt wird, entspricht der Schwingungsenergie bei 0 Kelvin.

4.3 Implementierung in MOLCAS

Der modulare Aufbau des Programms MOLCAS und der zur Verfügung stehende Quellcode erlauben die Implementierung der Moleküldynamik. Dem Entwickler stellt MOLCAS eigene Programmier-Werkzeuge zur Verfügung und erleichtert so die Programmierarbeit. So kann man auf bereits vorhandene und erprobte Routinen zurückgreifen (z. B. für dynamische Speicherzuweisung) und braucht diese nicht selbst zu implementieren.

Für die Moleküldynamik-Simulationen wurde das Zweischritt-Verlet-Verfahren gewählt, weil es stabil für kleinere bis mittlere Zeitschrittlängen ist und die Gesamtenergie über längere Simulationszeit hinreichend gut erhält. Von den drei möglichen Formulierungen des Verlet-Verfahrens wurde die oben beschriebene Geschwindigkeits-Verlet Variante verwendet, bei der die Koordinaten und die Geschwindigkeiten zum gleichen Zeitpunkt vorliegen (Abschnitt 4.2).

Es wurde eine automatische Unterscheidung zwischen dem reinen quantenmechanischen und dem gemischten QM/MM Aufbau implementiert. Schließlich muss im Fall des Hybridverfahrens auch für die klassisch beschriebenen Atome die Bewegungsgleichung gelöst werden, deswegen müssen zusätzlich Gradienten aus Kraftfeldberechnungen berücksichtigt werden. Die Gradienten der Atome aus der quantenmechanischen Berechnung beinhalten die elektrostatische Wechselwirkung mit der Umgebung. Weitere nicht-bindende Wechselwirkungen zwischen den Atomen der beiden unterschiedlichen Repräsentierungen werden mit dem ESPF-Programm[227] berechnet und anschließend zu den quantenmechanischen Gradienten addiert. Darüber hinaus brauchen die Atome einer Bindung, die in der Grenze der beiden unterschiedlichen Methoden liegen, eine separate Behandlung (Abschnitt 2.5).

Weitere Informationen über diese Atome, die in der quantenmechanischen Berechnung durch Punktladungen dargestellt werden, wie Koordinaten und Geschwindigkeiten, werden aus der Datei „RunFile" eingelesen. Für eine komplette Beschreibung in einer QM/MM Moleküldynamiksimulation müssen also Daten aus zwei Programmen, MOLCAS und einem Kraftfeldprogramm, für den Moleküldynamik-Algorithmus bereitgestellt werden. In dieser Arbeit wurde das TINKER-Programm[228] für die Kraftfeldberechnungen verwendet, wobei die Parameter aus dem AMBER-Kraftfeld[83] verwendet wurden.

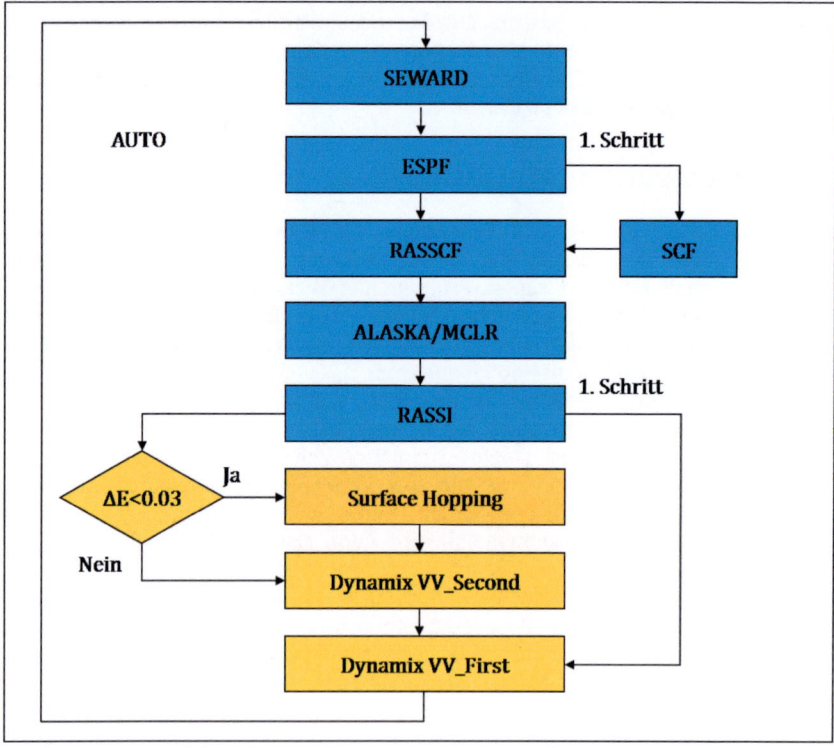

Abbildung 4.2 Die Abfolge der Module in MOLCAS für eine Moleküldynamiksimulation. Bereits vorhandene Module sind blau und neu erstellte Module sind gelb gekennzeichnet.

4.3. Implementierung in MOLCAS

Nach mehreren Moleküldynamik-Testrechnungen im elektronischen Grundzustand wurde mit der Implementierung des Surface-Hopping-Algorithmus begonnen. Es wurde ein Verfahren eingesetzt, das die CI-Koeffizienten der beiden unterschiedlichen Zustände in zwei aufeinander folgenden Zeitschritten miteinander vergleicht. Die Produkte der CI-Koeffizienten, die in Vektoren zusammengefasst sind, bleiben unverändert, solange der energetische Abstand der beiden Zustände groß ist. Wenn die Energiedifferenz kleiner wird und die Zustände miteinander in Wechselwirkung treten, verändert sich auch das Produkte der CI-Vektoren. Sobald ein bestimmter Wert überschritten wird, ändert sich der Zustand, dessen Gradienten für die Moleküldynamik verwendet werden. Dadurch wird mit dem Surface-Hopping-Algorithmus ein nichtadiabatischer Übergang simuliert.

Ebenso wie die Moleküldynamik ist auch dieser Algorithmus in dem MOLCAS-Programm integriert und nutzt die internen Routinen. Ein weiterer Vorteil des Einbaus der beiden Algorithmen in dieses Programmpaket ist die Tatsache, dass im Gegensatz zu Programmen die auf dem Einlesen der relevanten Daten aus der MOLCAS-Ausgabe beruhen, die Änderung der Ausgabe in nachfolgenden MOLCAS-Versionen keine zusätzliche Anpassung benötigt.

Kapitel 5
Ergebnisse und Diskussion

Die Photoisomerisierung von Retinal kann heute trotz enormer Fortschritte auf dem Gebiet der Quantenchemie, der Weiterentwicklung der numerischen Verfahren und Algorithmen sowie der rasanten Entwicklung der Computerhardware nur näherungsweise untersucht werden. Mehr als 30 Jahre nach der Pionierarbeit von Warshel, in der semiempirische Verfahren eingesetzt wurden, kann der gesamte Chromophor immer noch nicht vollständig mittels korrelierter *ab initio* Verfahren wie CASSCF berechnet werden. Im Rahmen dieser Arbeit wurden Modelle mit vier und fünf Doppelbindungen eingesetzt, um den Mechanismus der Reaktion zu erforschen. Beide Modelle umfassen die protonierte Schiff-Basenbindung mit Stickstoff und einen Großteil des konjugierten π-Doppelbindungssystems. Das größte untersuchte Modell berücksichtigt alle zur Isomerisierung befähigten Doppelbindungen des Retinals. Der β-Ionon-Ring blieb in allen Modellen unberücksichtigt. Dieser spielt zwar eine große Rolle im Protein, da er über nichtbindende Wechselwirkungen mit dem Protein interagiert und den Chromophor fixiert, doch wegen des enormen Rechenaufwands wurde dieser Teil des Retinals in den Simulationen im Vakuum weggelassen.

In allen Berechnungen wurde der 6-31G* Basissatz verwendet. Dieser gehört zu der Reihe der „Split-Valence"-Basissätze, bei denen eine doppelte oder mehrfache Anzahl von Basisfunktionen für die Valenzorbitale verwendet wird.[229, 230] Darüber hinaus sind auch polarisierte Funktionen enthalten. Diese sind wichtig, weil sie es erlauben, nicht nur die Größe sondern auch die Gestalt der Orbitale zu verändern. Für Kohlenstoff- und Stickstoff, also Elemente der ersten Achterperiode, werden hierbei d-Funktionen verwendet.

Im ersten Abschnitt werden die Ergebnisse der MD-Simulationen des Vier-Doppelbindungsmodells präsentiert und diskutiert. Anschließend werden im zweiten Teil Berechnungen von relaxierten Reaktionspfaden vorgestellt, in denen zwei Doppelbindungen schrittweise variiert wurden, für die dann der Rest des Moleküls optimiert wurde.

5.1 Vier-Doppelbindungsmodell des Retinals

Das kleinste untersuchte Modell in dieser Arbeit hat vier konjugierte Doppelbindungen mit dem protonierten Stickstoff der Schiff-Base als Terminus (4db-PSB). Es handelt sich um einen Ausschnitt des 11-*cis*-Retinals, das an Lys296 gebunden ist. Die Einfachbindungen zwischen den Kohlenstoffatomen 8 und 9 sowie zwischen dem Iminium-Stickstoff und dem Kohlenstoff sind durchgeschnitten. Diese werden mit Wasserstoffatomen abgesättigt. Die Kohlenstoffatome des Modellchromophors werden wie im ganzen Retinal nummeriert, um eine Vergleichbarkeit zwischen den Modellen zu bieten (Abbildung 5.1).

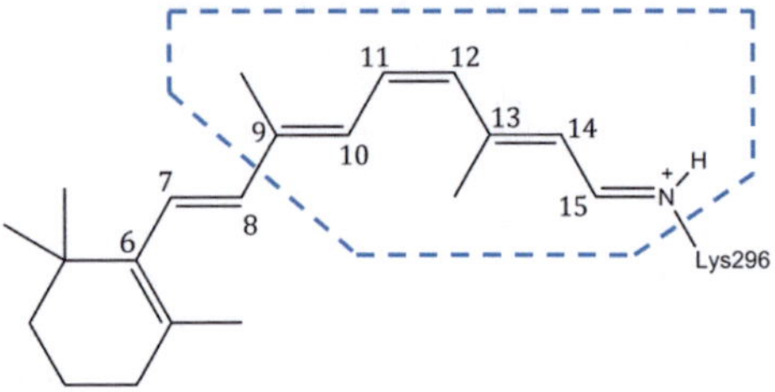

Abbildung 5.1 Vier-Doppelbindungsmodell 4db-PSB. Es handelt sich um einen Ausschnitt der 11-*cis*-Retinal protonierten Schiff-Base.

5.1.1 Trajektorien

Ausgehend von einer optimierten Struktur wurden 50 Startbedingungen durch mikrokanonisches Sampling unter Berücksichtigung der Nullpunktsschwingungsenergie berechnet. Die erhaltenen Startgeometrien und -geschwindigkeiten wurden für die anschließenden MD-Simulationen verwendet.

Die Abbildung 5.2 zeigt eine typische Trajektorie aus dieser Reihe und die zeitliche Entwicklung der charakterisierenden Parameter, die im Folgenden analysiert werden. Dazu gehören die Energie der elektronischen Zustände sowie die Energiedifferenz, die Diederwinkel der isomerisierenden Doppelbindungen und die Bindungslängen. Der Zeitpunkt des nichtadiabatischen Übergangs ist durch die vertikale Linie ebenfalls gekennzeichnet.

In den ersten 15 fs sinkt die Energiedifferenz als Ergebnis der gleichzeitigen Streckung der formalen Doppelbindungen und der Stauchung der formalen Einfachbindungen signifikant ab. Die sogenannte invertierte Bindungsalternanz

5.1. Vier-Doppelbindungsmodell des Retinals

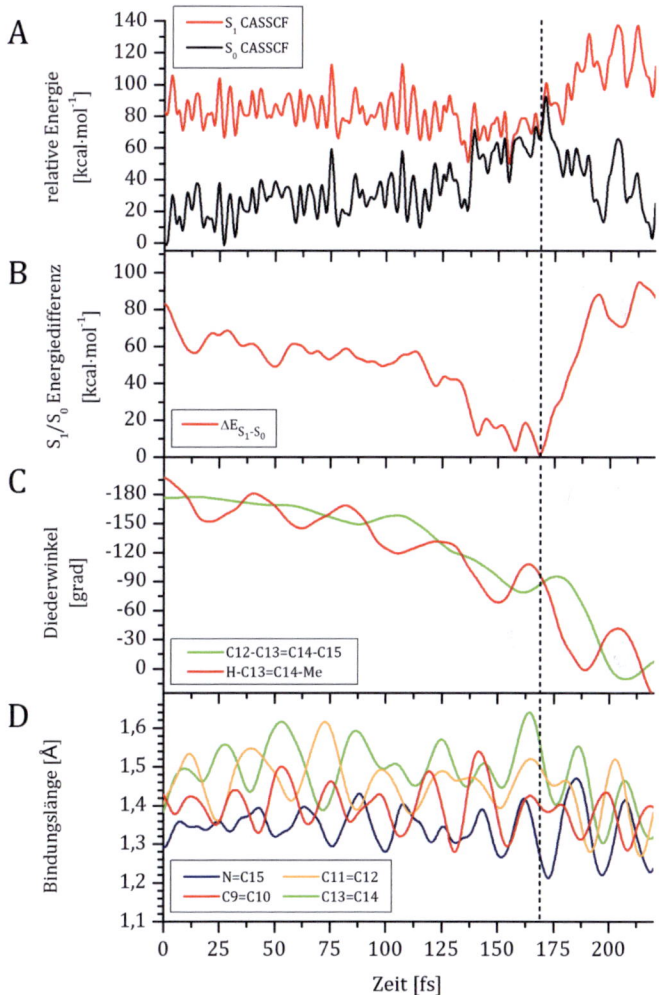

Abbildung 5.2 Eine typische Trajektorie des Modells 4db-PSB. **A**: Die potentielle Energie des Grundzustands S_0 und des angeregten Zustands S_1, berechnet mit SA2-CASSCF(10,10)/6-31G*; **B**: Die Energiedifferenz der beiden Zustände in A; **C**: Diederwinkel ausgewählter Doppelbindungen; **D**: Bindungslängen der Doppelbindungen.

wird durch die Änderung der Elektronendichte im angeregten Zustand hervorgerufen und führt zu starken Oszillationen der C=C und der C=N Doppelbindungen. Der Unterschied in der Phase der C=N-Schwingung gegenüber den anderen Bindungen lässt sich durch die höhere Pyramidalisierungstendenz des Stickstoffs erklären.

In den anschließenden knapp 100 fs wird die Energiedifferenz kleiner, insbesondere wegen der Destabilisierung des Grundzustandes. Die Energie des S_1-Zustandes nimmt ebenfalls ab. Gleichzeitig ändert sich der Diederwinkel C10-C11=C12-C13, zunächst langsam und ab 110 fs deutlich schneller. Nach insgesamt 140 fs kommen sich die beiden Potentiale auf 11,8 kcal·mol^{-1} nah. Es erfolgt allerdings kein Übergang, und so verläuft die Reaktion weiterhin im angeregten Zustand. Etwa 20 fs später fällt die Energiedifferenz auf 3,6 kcal·mol^{-1}, aber die Wechselwirkung der Zustände ist immer noch zu gering für einen Wechsel der Potentialflächen. Schließlich kommt nach 170 fs ein nichtadiabatischer Übergang zustande, und zwar bei einer Barriere von 1,2 kcal·mol^{-1}. Nach dem Wechsel auf die S_0-Fläche und der damit einhergehenden „normalen" π-Elektronendichte des Grundzustands werden die Doppelbindungen wieder kürzer, und das Modell isomerisiert zum 11-*cis*-Produkt.

Die Tabelle 5.1 fasst die Trajektorien zusammen, die berechnet wurden. Die statistische Analyse wird nach der reaktiven Doppelbindung aufgeteilt. Es wird die Anzahl der produktiven Reaktionen angegeben, die vom *cis* zum *trans* bzw. vom *trans* zum *cis*-Produkt geführt haben. Die Anzahl der Rotationen im Uhrzeigersinn sowie die Reaktionszeit vom Zeitpunkt der Anregung bis zum ersten erfolgreichen Sprung zurück in den Grundzustand sind ebenfalls angegeben.

Tabelle 5.1 Verteilung der Rotationen um die zentralen Doppelbindungen C11=C12 und C13=C14 des Modells 4db-PSB.

	C11=C12 Rotationen	*C13=C14* Rotationen
produktiv	10	22
im Uhrzeigersinn	9	15
τ(fs)	168	157

Für das Modell 4db-PSB wurde insgesamt ein ultraschneller Übergang in den Grundzustand beobachtet. Ähnlich wie für kürzere Modelle mit drei Doppelbindungen[231-234] liegt die Reaktionszeit unter 200 fs. Die Doppelbindung C13=C14 ist hier leicht bevorzugt. Die meisten Rotationen finden im Uhrzeigersinn statt, obwohl es für das planare Modell im Vakuum keine Präferenz geben dürfte. Dies ist ein Hinweis auf die unzureichende Größe des Ensembles.

5.1. Vier-Doppelbindungsmodell des Retinals

In der Abbildung 5.3 ist die Häufigkeitsverteilung der Verweilzeit im angeregten Zustand zusammengefasst. Für die Isomerisierung der C13=C14 Doppelbindung gibt es ein Maximum zwischen 130 und 150 fs; die gleiche Beobachtung wurde auch für die C11=C12 Doppelbindung gemacht. Insgesamt weist die Verteilung eine Breite von etwa 180 fs auf, mit einer signifikanten Häufigkeit für beide Isomerisierungen zwischen 90 und 170 fs.

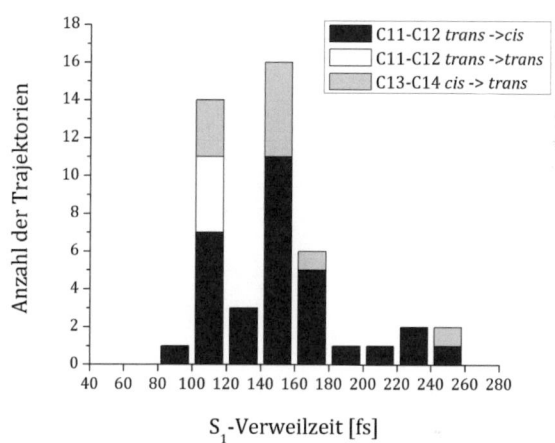

Abbildung 5.3 Histogramm der Verweilzeit im angeregten Zustand.

5.1.2 Bicycle-Pedal-Trajektorie

In einer einzelnen Trajektorie aus dem Ensemble von Modellen mit vier Doppelbindungen isomerisierten zwei Doppelbindungen gleichzeitig. Der zeitliche Verlauf der Energie und der geometrischen Parameter ist in der Abbildung 5.4 dargestellt.

Zunächst verläuft die Trajektorie im angeregten Zustand nach dem oben beschriebenen Muster. Die Umkehrung der π-Elektronendichte aktiviert die Streckung der C11=C12 und der C13=C14 Doppelbindungen, was zu einer Oszillation der Energiedifferenz führt. Zu dieser Reaktionskoordinate kommt die Verdrillung der Diederwinkel hinzu, sodass die Energielücke zwischen S1 und S0 deutlich kleiner wird. Bereits nach 109 fs trennen lediglich 0.8 kcal·mol^{-1} die beiden Zustände, und die Kopplung ist hinreichend, um einen nichtadiabatischen Übergang in den Grundzustand herbei zu führen. Während des Prozessablaufs

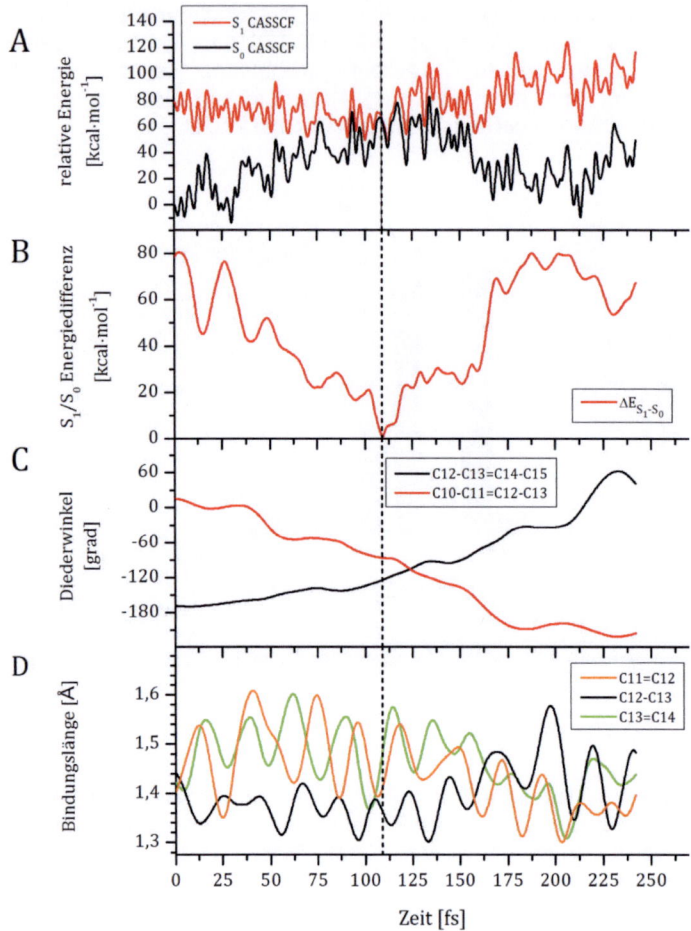

Abbildung 5.4 Trajektorie mit der Bicycle-Pedal Isomerisierung. **A**: Die potentielle Energie des Grundzustands S_0 und des angeregten Zustands S_1, berechnet mit SA2-CASSCF(8,8)/6-31G*; **B**: Die Energiedifferenz der beiden Zustände in A; **C**: Diederwinkel der isomerisierenden Doppelbindungen; **D**: Bindungslängen der Doppelbindungen.

5.1. Vier-Doppelbindungsmodell des Retinals

rotieren die Bindungen C11=C12 und C13=C14 in die gleiche Richtung, d.h. sie drehen in einer konrotatorischen Weise. Die Rotation entspricht damit dem Bicycle-Pedal-Mechanismus von Warshel[50]: sie ist konzertiert, denn die Drehung des einen Winkels folgt, wenn auch zeitversetzt, der Drehung des anderen. Sie ist aber nicht synchron, denn die beiden Winkel unterscheiden sich deutlich, z. B. zum Zeitpunkt des Übergangs um fast 40° (C11=C12, -124°;C13=C14, -86°). Nach dem Sprung wird die Trajektorie im Grundzustand fortgesetzt und beide Doppelbindungen relaxieren zur entsprechenden *cis-* bzw. *trans*-Konfiguration.

5.1.3 Reaktionspfade des Bicycle-Pedal-Mechanismus

Die gleichzeitige Isomerisierung von zwei Doppelbindungen wurde in nur einer einzigen Trajektorie beobachtet. Auch eine geringfügige Veränderung der Startparameter war nicht in der Lage, diese Reaktion zu reproduzieren. Um den Mechanismus genauer zu untersuchen, wurden relaxierte Pfade berechnet, bei denen Wertepaare für die Verdrillungswinkel der beiden simultan rotierenden Doppelbindungen vorgegeben und der Rest des Moleküls frei optimiert wurde. Ziel war es, zu prüfen ob eine Barriere für die synchrone Isomerisierung der beiden Doppelbindungen existiert. Weiterhin sollte geprüft werden, ob eine gleichzeitige Isomerisierung mit entgegengesetztem Rotationssinn, also eine disrotatorische Drehung der beiden Doppelbindungen, möglich ist.

Es wurden zwei relaxierte Reaktionspfade berechnet. Dabei wurden die Diederwinkel der beiden konjugierten Doppelbindungen, ausgehend von 0° bzw. 180°, schrittweise um 2,5° vergrößert bzw. verkleinert. Zu jedem Verdrillungspaar wurden eine Optimierung aller anderen Freiheitsgrade und eine Energieminimierung im ersten angeregten Zustand auf dem CASSCF-Niveau durchgeführt. Die Ergebnisse des disrotatorischen und des konrotatorischen Reaktionsverlaufs sind in der Abbildung 5.5 dargestellt. Der Graph A zeigt den flachen Verlauf der Energiekurve im angeregten Zustand, ähnlich wie in den Optimierungen bei nur einem festgehaltenen Diederwinkel.[235-238] Im Gegensatz dazu steigt die Energie im Grundzustand steil an, was bei etwa 35° sogar zu einer Diskontinuität im Verlauf der Potentialenergie führt. Eine konische Durchdringung wird bei einer relativen Verdrillung von 72,5° für beide Torsionswinkel bei einer Energielücke von 0,6 kcal·mol^{-1} gefunden. Im Vergleich dazu wurde die konische Durchschneidung im Vakuum[237] bzw. im Rhodopsin[239] bei einer Verdrillung von 75-80° berechnet.

Einen topologisch ähnlichen Mechanismus, der allerdings nicht der Bicycle-Pedal Isomerisierung nach Warshel entspricht, ist durch die disrotatorische Rotation der beiden Doppelbindungen gekennzeichnet, bei der die beiden Bindungen im entgegengesetzten Sinn rotieren. Für diesen Ablauf wurde ebenfalls ein relaxierter Scan berechnet (Abbildung 5.5, Graph B).

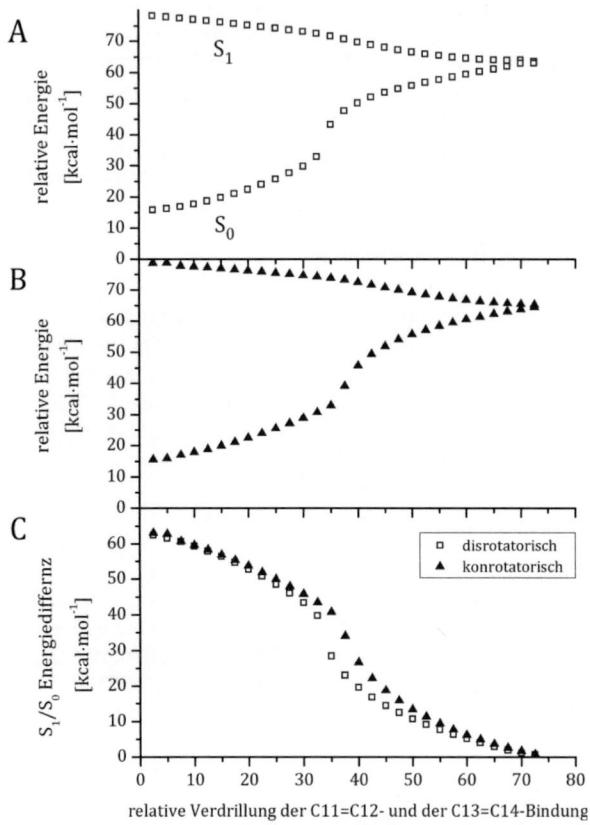

Abbildung 5.5 Die relaxierten Reaktionspfade der Bicycle-Pedal-Isomerisierung. **A**: konrotatorische Isomerisierung. **B**: disrotatorische Isomerisierung. **C**: Vergleich der Energiedifferenz des konrotatorischen und des disrotatorischen Pfades.

Überraschenderweise ist dieser fast identisch mit dem konrotatorischen Mechanismus, obwohl die Geometrien sich signifikant unterscheiden. Die konische Durchschneidung wird auf eine ähnliche Art und Weise angenähert, und im letzten Schritt vor dem Sprung beträgt die Energiedifferenz 0,8 kcal·mol^{-1}. Aus den Energiedifferenzen der Zustände S_1 und S_0 im Graphen C als Funktion der Verdrillung wird ein geringer Unterschied der beiden Moden ersichtlich. Beiden Mechanismen ist das Fehlen einer Energiebarriere gemeinsam. Zumindest unter

5.1. Vier-Doppelbindungsmodell des Retinals 79

isolierten Bedingungen sind nach Berechnungen der Reaktionspfade beide Rotationen möglich. Durch eine Erhöhung der Trajektorienanzahl könnte man eventuell den disrotatorischen Isomerisierungsmechanismus ebenfalls erfassen.

Auf der Grundlage der dynamischen Untersuchungen lässt sich bereits sagen, dass die Berücksichtigung der kinetischen Energie und die Variation der Startbedingungen zu einem umfassenden Bild der Reaktionsmechanismen führen. Diese Methodik erlaubt im Prinzip, die gesamte Potentialfläche zu durchsuchen. Im vorliegenden Fall wurden so zwei Pfade entdeckt, die zwar im Vakuum eine kleinere Rolle spielen dürften, aber dennoch die Vielfältigkeit der Reaktionsmechanismen des Retinalmodells unterstreichen.

Die drei gefundenen Mechanismen sind in der Abbildung 5.6 schematisch zusammengefasst. Hierbei stellt die Rotation eines oder die Kombination zweier Diederwinkel eine Reaktionkoordinate dar, die zur konischen Durchdringung bzw. zum nichtadiabatischen Übergang in den Grundzustand führt.

5.1.4 Der Einfluss der dynamischen Elektronenkorrelation

Die Bedeutung der dynamischen Elektronenkorrelation für die Berechnung von Reaktionspfaden wurde bereits im Theoretischen Teil, dem Kapitel 2, diskutiert. In zahlreichen Untersuchungen wurde gezeigt, dass die dynamische Elektronenkorrelation einen signifikanten Einfluss auf die Potentialflächen hat, die mit CASSCF berechnet wurden und bei denen deshalb nur die statische Elektronenkorrelation berücksichtigt ist.[58] Die relaxierten Reaktionspfade werden deshalb im Folgenden mit CASPT2 korrigiert, indem einzelne Rechnungen für optimierte Strukturen durchgeführt werden. Da es zurzeit keine effiziente Methode gibt, analytische Gradienten für Multizustands-CASPT2 zu berechnen, muss man sich auf dieses CASPT2//CASSCF-Protokoll beschränken.

In der Abbildung 5.7 werden die CASSCF-Ergebnisse aus der Abbildung 5.5 durch CASPT2-Ergebnisse ergänzt und dargestellt. Dazu wurde eine über zwei Zustände gemittelte SA-CASSCF-Wellenfunktion als Referenz verwendet und die beiden niedrigsten Zustände wurden in dem MS-CASPT2-Ansatz berücksichtigt. Alle Kernorbitale waren eingefroren. Aus den Graphen A und B geht hervor, dass weder für den konrotatorischen noch für den disrotatorischen Pfad eine konische Durchdringung mit der CASPT2//CASSCF Methode erreicht wird. Für beide Rotationsmoden ist auffallend, dass der Grundzustand auf dem CASSCF Niveau ab einer Verdrillung von mehr als 40° steil ansteigt. Dies ist nicht der Fall bei der Verwendung der CASPT2-Korrektur, obwohl die sigmoide Gestalt der Potentialkurve erhalten bleibt. Im angeregten Zustand gibt es nur geringfügige Unterschiede zwischen der CASSCF- und der CASPT2//CASSCF-Energie, insbesondere ab 50° ist der Verlauf fast deckungsgleich.

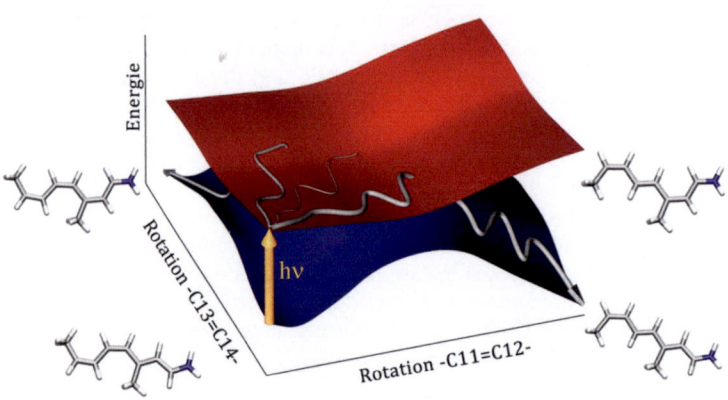

Abbildung 5.6 Schematische Darstellung der Potentialfläche des Modells 4db-PSB, aufgespannt durch die zwei Reaktionskoordinaten, die Rotation um die C11=C12 und die C13=C14 Bindung.

Der Hauptunterschied zwischen den beiden unterschiedlichen Beschreibungen kommt durch die Stabilisierung des Grundzustandpotentials auf dem CASPT2//CASSCF-Level zustande, die zu einer Energielücke von 13 bzw. 15 kcal mol^1 führt (Abbildung 5.7, Graph C). Da ab einer Verdrillung von mehr als 72,5° die Zustände auf dem CASSCF-Niveau fast entartet sind, ist eine beschränkte Optimierung bis zur Verdrillung von 90° nicht möglich. Damit fehlen die optimierten Geometrien für die CASPT2 Evaluierung des weiteren Verlaufs der Torsion. Die erhaltene Energielücke auf dem CASPT2//CASSCF-Niveau ist nicht überraschend. Szymczak *et al.*[240] haben CI-Geometrien von Drei-Doppelbindungs-modellen protonierter Schiff-Basen optimiert und herausgefunden, dass sich die Bindungslängen korrelierter und nicht korrelierter Methoden deutlich unterscheiden. Ähnliches wurde von Page *et al.*[241] für CASSCF und CASPT2 optimierte Geometrien von planaren protonierten Schiff-Basen mit drei und fünf Doppelbindungen bestätigt. Anscheinend ist eine Optimierung auf dem CAPST2 Level notwendig, um die beiden Methoden vergleichen und eine Aussage über die Bedeutung der dynamischen Elektronenkorrelation machen zu können. Leider macht der enorme Rechenaufwand solche Untersuchungen zurzeit unmöglich.

Zum Vergleich wurden einige Ausschnitte aus Trajektorien herangezogen. Der Bereich, in dem sich die beiden Potentiale näher kommen und ein Übergang wahrscheinlich ist, wurde mit CASPT2//CASSCF nachgerechnet. Die Bicycle-

5.1. Vier-Doppelbindungsmodell des Retinals

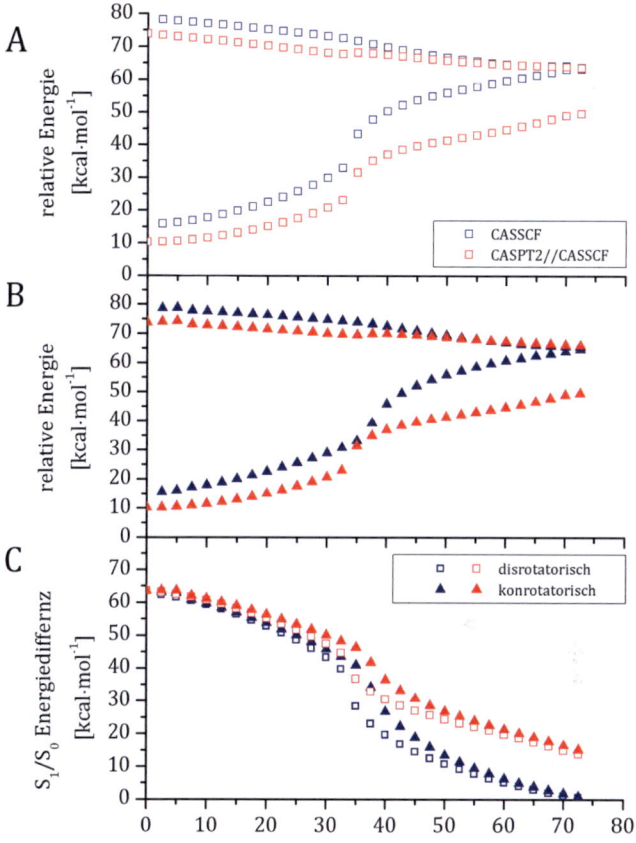

Abbildung 5.7 Vergleich der relaxierten Pfade für die konrotatorische und die disrotatorische Isomerisierung. Die relative Energie der synchronen konrotatorischen (A) und disrotatorischen (B) Zwei-Doppelbindungsisomerisierung. Die Energie der planar optimierten Geometrie im Grundzustand wurde als Referenzpunkt für die Energie verwendet. Die Energiedifferenz zwischen S_0 und S_1 ist in (C) abgebildet.

Pedal-Trajektorie, in der beide Doppelbindungen isomerisieren, ist in Abbildung 5.8 gezeigt. Für das Intervall von 20 fs vor bis 10 fs nach dem Surface Hopping wurde die CASPT2-Korrektur für jeden einzelnen Punkt berechnet. Graph A zeigt ein typisches Merkmal dieser Region, nämlich die erhöhte Stabilisierung des

Grundzustandes auf dem CASPT2//CASSCF Level im Vergleich zu CASSCF. Darüber hinaus gibt es zum Zeitpunkt des nichtadiabatischen Übergangs einen Sprung in der CASPT2-korrigierten Potentialenergie.

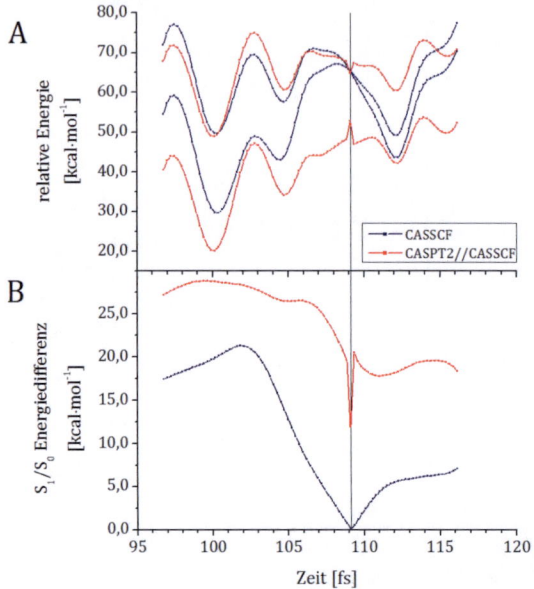

Abbildung 5.8 Ausschnitt zwischen der 96. und der 116. Femtosekunde der Bicycle Pedal-Trajektorie. Die vertikale Linie kennzeichnet den Zeitpunkt des Surface Hoppings. **A**: Die Potentialenergie für den S0- und S1-Zustand. **B**: Der Vergleich der Energiedifferenz zwischen den beiden Zuständen.

Diese Ergebnisse werfen die Frage auf, ob die Diskrepanz zwischen CASSCF- und CASPT2//CASSCF-Energien auf die Isomerisierung nach dem Bicycle Pedal-Mechanismus beschränkt ist und ob die Berücksichtigung der dynamischen Elektronenkorrelation diese Reaktion ausschließen würde. Zur Beantwortung dieser Frage wurden zusätzlich 5 weitere Trajektorien des 4db-PSB-Modells aus dem Ensemble untersucht, in denen nur eine der Doppelbindungen isomerisiert. Alle Geometrien im Zeitfenster von 5 fs vor bis 5 fs nach dem Sprung wurden neu berechnet. Die S_1/S_0 Energiedifferenzen der 5 Trajektorien sind in der Abbildung 5.9 zusammengefasst.

Allen 5 Trajektorien ist gemeinsam, dass außerhalb der Sprungregion die Energiedifferenzen auf dem CASPT2//CASSCF- und dem CASSCF-Level gut

5.1. Vier-Doppelbindungsmodell des Retinals

übereinstimmen. Große Unterschiede und sogar Diskontinuitäten treten in der Region der nichtadiabatischen Übergänge auf, wie beispielsweise in Abbildung 5.9 B zu sehen ist. Dies könnte eine Folge des Potentialwechsels in den Grundzustand auf dem CASSCF-Level sein. Ferner sind in allen Trajektorien die CASSCF-Energiedifferenzen gegenüber den CASSCF-Werten erhöht. Nur in einer Trajektorie der Abbildung 5.9 A zeigt die CASPT2//CASSCF Methode eine konische Durchschneidung, die allerdings gegenüber dem CASSCF-Wert zeitlich verschoben ist. Zu dem Zeitpunkt, der auf dem CASSCF-Niveau einen Übergang anzeigt, beträgt die Differenz nach der CASPT2 Korrektur 20 kcal·mol^{-1}, etwa 3 fs später ist die Energie auf weniger als 1 kcal·mol^{-1} gefallen.

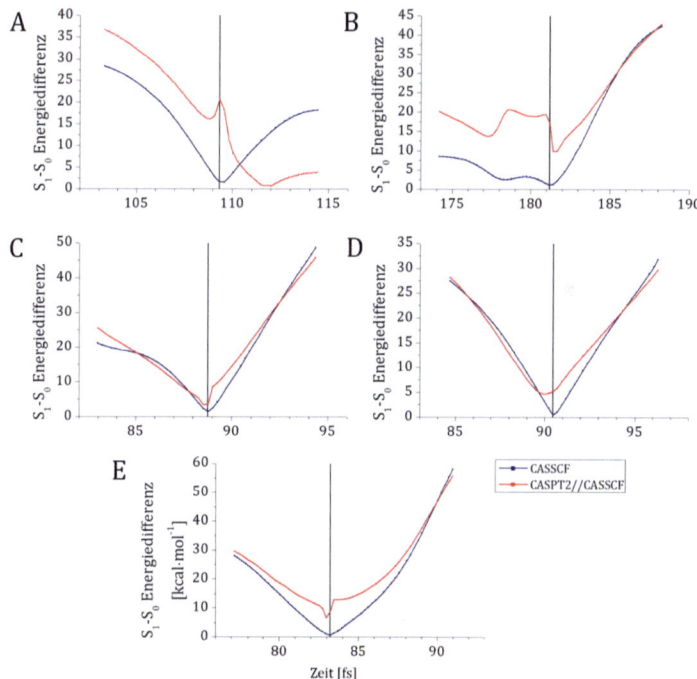

Abbildung 5.9 Einfluss der dynamischen Elektronenkorrelation für fünf ausgewählte Trajektorien. Vergleich der S_1/S_0 Energiedifferenzen auf dem CASSCF- und dem CASPT2//CASSCF-Level in der Nähe des Übergangs. Die vertikale Linie kennzeichnet den Übergang.

Diese Ergebnisse zeigen, dass sogar für die Isomerisierung einer einzelnen Doppelbindung die CASPT2//CASSCF-Behandlung die Geometrien zum Zeitpunkt des Übergangs auf dem CASSCF-Level zu reproduzieren vermag, solange der CASSCF-Gradient verwendet wird. Zur Erklärung sei daran erinnert, dass die Form einer konischen Durchdringung von zwei Reaktionskoordinaten bestimmt wird, wie bereits von den Gruppen um Robb[242], Olivucci[235, 243, 244] und Martinez[238, 245, 246] gezeigt wurde. Diese Koordinaten sind die Torsion und die Streckschwingung innerhalb der Polyenkette, insbesondere der C15-N16 Bindung im Fall der Retinal Schiff-Base. In den hier diskutierten CASPT2//CASSCF-Rechnungen wurde nur eine Reaktionskoordinate, die Torsion der Diederwinkel, variiert worden und die Energiedifferenz ist bereits um 50 kcal·mol^{-1} niedriger. Die Energielücke ist größer als bei CASSCF geblieben, da die zweite Reaktionskoordinate, die Streckschwingung der konjugierten Kette des Retinals, weiterhin auf dem CASSCF-Level beschrieben ist. Die Ergebnisse belegen, dass für eine sinnvolle Evaluierung der dynamischen Elektronenkorrelation diese Koordinate auf dem CASPT2-Level optimiert werden muss, was allerdings im Moment nicht durchführbar ist. Ohne diese Optimierung kann nicht unterschieden werden, ob der Unterschied zwischen CASPT2 und CASSCF auf die fehlende dynamische Elektronenkorrelation zurückzuführen ist oder auf die Tatsache, dass die verwendeten Geometrien auf dem CASSCF-Level berechnet wurden. Die Vermutung liegt nahe, dass die verbleibende Differenz von 5 bis 20 kcal·mol^{-1} aus der CASPT2-Berechnung entlang der Trajektorie durch eine Relaxation auf dem CASPT2-Level deutlich reduziert würde.

5.2 Fünf-Doppelbindungsmodell des Retinals

Die singuläre Trajektorie des Vier-Doppelbindungsmodells und die entsprechenden Reaktionspfade haben gezeigt, dass der Bicycle-Pedal-Mechanismus unter isolierten Bedingungen realisierbar ist, da keine Energiebarriere im angeregten Zustand vorhanden ist. Um diese Isomerisierung mit dem gewöhnlichen Mechanismus zu vergleichen, in dem eine Doppelbindung rotiert, und um zusätzlich den Hula-Twist Mechanismus[52, 53] zu untersuchen, wurde ein größeres Modell gewählt, das bis auf den ß-Ionon-Ring alle Doppelbindungen der konjugierten Kette des Retinalchromophors enthält (Abbildung 5.10). Mit seiner längeren Kohlenstoffkette wird in dem Modell 5db-PSB der Einfluss der terminalen Doppelbindungen auf die verschiedenen Mechanismen verringert und gleichzeitig die Anzahl der Freiheitsgrade für die Torsionsbewegungen des Kohlenstoffgerüsts vergrößert.

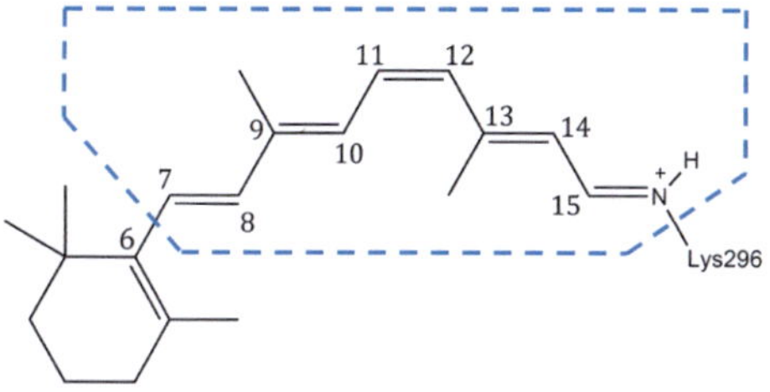

5.2. Fünf-Doppelbindungsmodell des Retinals

Abbildung 5.10 Das Fünf-Doppelbindungsmodell 5db-PSB. Es handelt sich um einen Ausschnitt der 11-*cis*-Retinal protonierten Schiff-Base.

Der Rechenaufwand für dieses Modell wird nicht nur durch die größere Anzahl der verwendeten Basisfunktionen erhöht, sondern auch durch die Vergrößerung des aktiven Raums der CASSCF-Wellenfunktion, der jetzt 10 Orbitale und 10 Elektronen enthält. Gleichzeitig gibt es eine höhere Anzahl von Isomerisierungsmöglichkeiten, z. B.: kann im Bicycle-Pedal Mechanismus die C11-C12-Rotation mit der Rotation um die C9-C10- oder um die C13-C14-Bindung kombiniert werden, und jede dieser beiden Möglichkeiten kann konrotatorisch und disrotatorisch erfolgen. Gleiches gilt für den Hula-Twist Mechanismus, bei dem eine Einfach- und eine Doppelbindung gleichzeitig isomerisieren.

5.2.1 Reaktionspfade

Um die oben erwähnten Mechanismen zu untersuchen, wurden Reaktionspfade analog zum Vier-Doppelbindungsmodell 4db-PSB berechnet, indem ein oder zwei Diederwinkel festgehalten und alle übrigen Freiheitsgrade des Moleküls optimiert wurden. Ein Pfad wurde für die gewöhnliche Isomerisierung berechnet. Für die Mechanismen mit zwei isomerisierenden Doppelbindungen wurden für die Bicycle-Pedal- und Hula-Twist-Isomerisierung jeweils vier Pfade berechnet. Die Bezeichnungen der verschiedenen Mechanismen sind in der Tabelle 5.2 zusammengefasst.

Tabelle 5.2 Übersicht der berechneten Isomerisierungspfade für die drei verschiedenen Mechanismen.

Abkürzung	Mechanismus	Rotierende Bindungen	Rotationssinn
s11	einfach	C11-C12	-
bp-9-11.d	Bicycle-Pedal	C9-C10, C11-C12	disrotatorisch
bp-9-11.k	Bicycle-Pedal	C9-C10, C11-C12	konrotatorisch
bp-11-13.d	Bicycle-Pedal	C11-C12, C13-C14	disrotatorisch
bp-11-13.k	Bicycle-Pedal	C11-C12, C13-C14	konrotatorisch
ht-10-11.d	Hula-Twist	C10-C11, C11-C12	disrotatorisch
ht-10-11.k	Hula-Twist	C10-C11, C11-C12	konrotatorisch
ht-11-12.d	Hula-Twist	C11-C12, C12-C13	disrotatorisch
ht-11-12.k	Hula-Twist	C11-C12, C12-C13	konrotatorisch

5.2.1.1 Isomerisierung einer Doppelbindung

Die Rotation um die *cis*-konfigurierte Doppelbindung und die anschließende Geometrieoptimierung wurden im angeregten Zustand durchgeführt. Die CASSCF(10,10)-Wellenfunktion wurde über die beiden niedrigsten Zustände gemittelt, die gleich gewichtet wurden. Die zehn Orbitale des aktiven Raums sind in der Abbildung 5.11 dargestellt. Die dominierenden Konfigurationen sind 2222200000 mit dem Koeffizienten 0,75 für den Grundzustand und 2222ud0000 mit dem Koeffizienten 0,70 für den angeregten Zustand. Die Energien des Grund- und des angeregten Zustandes entlang der Verdrillungskoordinate sowie einige wichtige geometrische Daten der optimierten Strukturen sind in der Abbildung 5.12 zusammengefasst. Im ersten angeregten Zustand S_1 sind die Doppelbindungen gestreckt (Abbildung 5.12 D) und die Einfachbindungen verkürzt (Abbildung 5.12 C), d.h. die Bindungsalternanz ist invertiert: mit Ausnahme der terminalen C15-N16 und C7-C8 Bindungen sind die Doppelbindungen länger als die Einfachbindungen. Die Ausnahmen lassen sich durch den Endgruppeneffekt sowie im Fall der heteronuklearen Doppelbindung durch die Wirkung des elektronegativen Stickstoffs erklären. Besonders ausgeprägt ist die Verlängerung der zentralen C11-C12-Bindung, die mit steigender Verdrillung zunimmt. Da die π-Überlappung dieser Bindung durch die Torsion weiter abnimmt, wird die Bindung zusätzlich gestreckt. Die Verdrillung der benachbarten Doppelbindungen C9-C10 und C13-C14 bleibt während der gesamten Torsion der C11-C12-Bindung unter 10°, und sie sind auch kürzer im Vergleich zur zentralen Doppelbindung. Beide Bindungen sind einfach

5.2. Fünf-Doppelbindungsmodell des Retinals

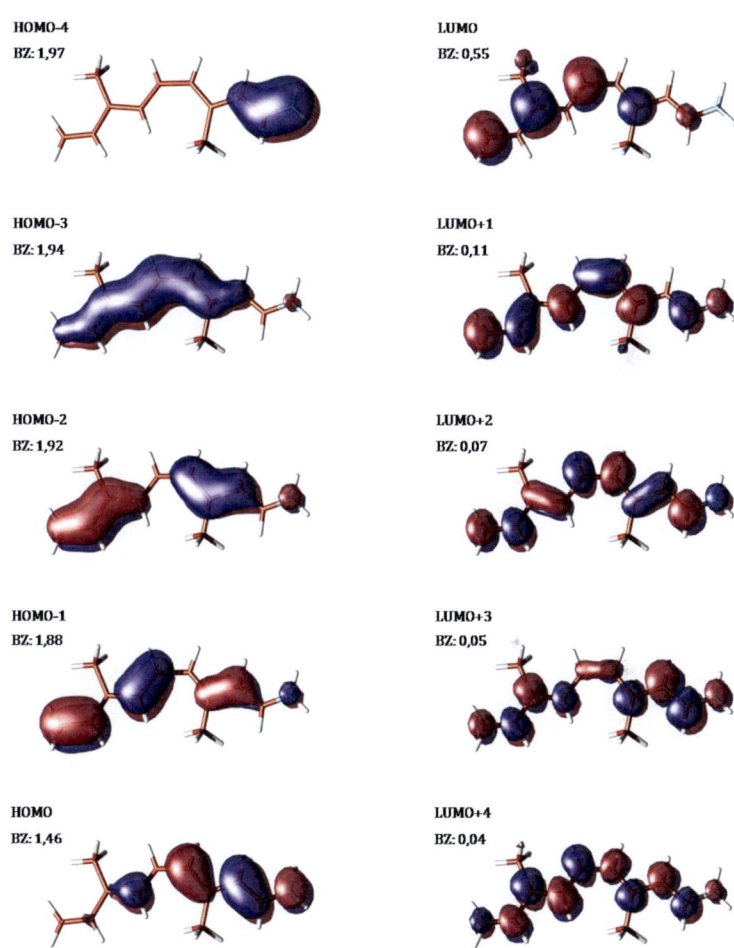

Abbildung 5.11 Darstellung der zehn aktiven Orbitale der SA2-CASSCF(10,10)-Wellenfunktion für das Modell 5db-PSB. Es handelt sich um die erste optimierte Geometrie für den Reaktionspfad des s11-Mechanismus. Die Besetzungszahlen (BZ) sind unter der Orbitalbezeichnung angegeben.

methylsubstituiert, was ihnen im Gegensatz zu den Wasserstoffatomen der C11-C12-Bindung eine gewisse Trägheit verleiht. Die Verdrillung der Einfachbindungen ist während der ersten 30° ebenfalls gering, sicherlich als eine Folge des partiellen Doppelbindungscharakters. Erst bei stärkerer Torsion der zentralen Doppelbindung nimmt auch die Torsion der Einfachbindungen signifikant zu. Dies geschieht simultan mit einer Vergrößerung des Bindungsabstands. Welche dieser beiden Koordinaten, die Torsion oder Streckung, Ursache für die Veränderung der zweiten ist, lässt sich durch Energieminimierungen nicht bestimmen.

Zahlreiche Literaturstellen weisen darauf hin, dass die Rotation um die C11-C12 Doppelbindung die entscheidende Reaktionskoordinate ist, die zur konischen Durchschneidung führt.[242-244, 246] Sie ist sicherlich für den steilen Abfall der Energiedifferenz verantwortlich (Abbildung 5.12 B). Nach einer Verdrillung von 60° beträgt die Energiedifferenz zwischen S_1 und S_0 nur noch 1,4 kcal·mol^{-1}. Für den nächsten Schritt lässt sich die Geometrie nicht mehr optimieren, da die Energiedifferenz zwischen dem Grundzustand und dem ersten angeregten Zustand zu klein geworden ist. Die Zustände sind praktisch entartet, und die konische Durchdringung ist erreicht. Durch die Annährung zwischen Grund- und angeregtem Zustand ändert sich auch der Charakter der Wellenfunktion: die Doppelbindungen werden deutlich kürzer und die Einfachbindungen länger. Die Korrelation zwischen der Veränderung der Bindungsalternanz und der Torsion der Einfachbindungen zwischen 40 und 60° geht aus den Graphen C, D und E der Abbildung 5.12 hervor.

Dass der Reaktionstunnel durch die Verdrillung der zentralen Doppelbindung nach bereits 60° erreicht wird, ist überraschend. Aus Rechnungen an Retinalmodellen vergleichbarer Größe im Vakuum wurde ein deutlich höherer Torsionswinkel bestimmt.[237, 243, 245, 247, 247, 248] Eine mögliche Erklärung dafür ist, dass in den oben zitierten Arbeiten überwiegend das Gaussian Programmpaket[217] verwendet wurde. Bei Verwendung der zustandsgemittelten CASSCF Wellenfunktion werden in diesem Paket die Korrekturen der Orbitalkoeffizienten für den optimierten Zustand ineffizient berechnet. Der hohe Aufwand, der für die Lösung der gekoppelt-gestörten (*coupled perturbed*) MCSCF Gleichungen betrieben werden muss, hat dazu geführt, dass viele Arbeitsgruppen, die auf das Gaussian-Paket zurückgreifen, auf diese Korrektur verzichten. Unter der Annahme, dass diese Korrektur einen vernachlässigbar kleinen Effekt besitzt,[57, 249-251] wird dann die Berechnung der Gradienten als Ableitung nach den zustandsgemittelten Orbitalkoeffizienten durchgeführt. Als Folge werden selbst bei Berechnung von Pfaden höhere Diederwinkel erhalten als in dem oben dargestellten, relaxierten Pfad mit nur einer optimierten Reaktionskoordinate.

5.2. Fünf-Doppelbindungsmodell des Retinals

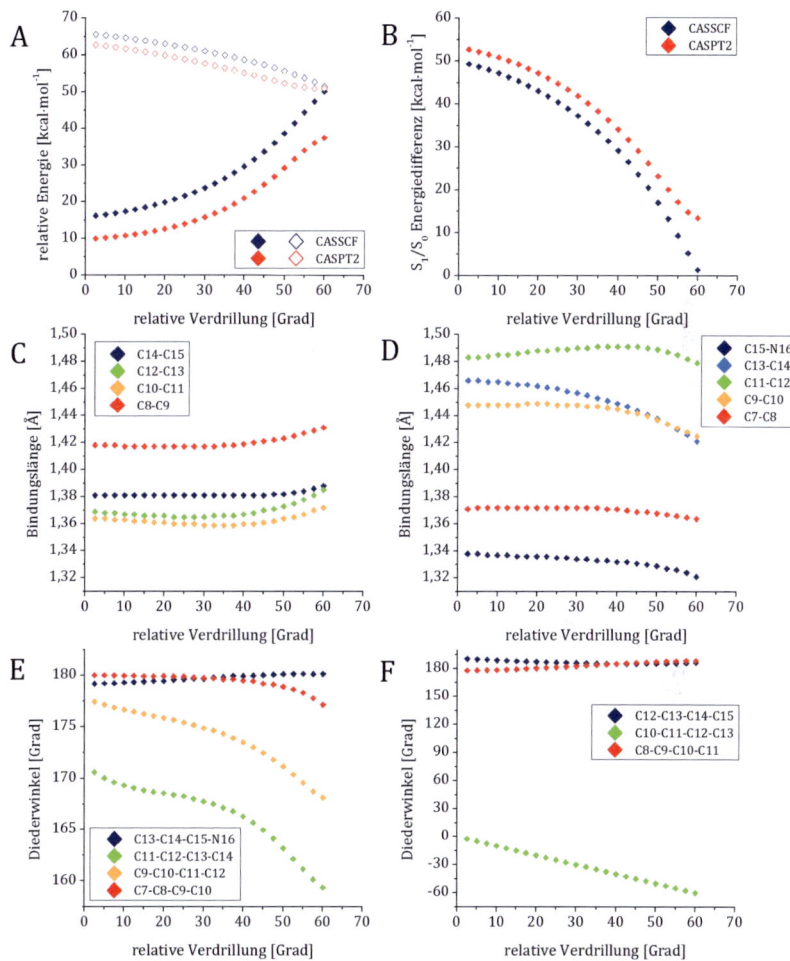

Abbildung 5.12 Reaktionspfad für den s11-Mechanismus. **A**: Verlauf der potentiellen Energie auf dem CASSCF- und dem CASPT2//CASSCF-Level; **B**: Vergleich der S_1/S_0 Energiedifferenz für CASSCF und CASPT2//CASSCF; **C**: Bindungslängen der Einfachbindungen; **D**: Bindungslängen der Doppelbindungen; **E**: Diederwinkel der Einfachbindungen. **F**: Diederwinkel der drei mittleren Doppelbindungen.

Ein weiterer wichtiger Unterschied besteht in der vergleichsweise kleinen Schrittweite der Torsion von 2,5°, die eine genauere Bestimmung der konischen Durchschneidung erlaubt.

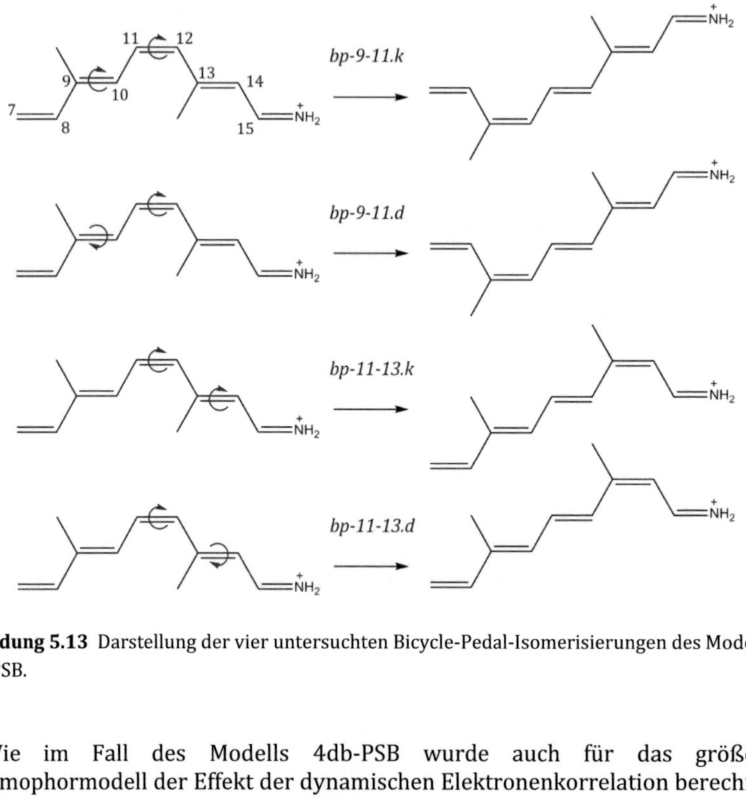

Abbildung 5.13 Darstellung der vier untersuchten Bicycle-Pedal-Isomerisierungen des Modells 5db-PSB.

Wie im Fall des Modells 4db-PSB wurde auch für das größere Chromophormodell der Effekt der dynamischen Elektronenkorrelation berechnet (Abbildung 5.12 A und B). Die CASPT2-Energiekurve des angeregten Zustands verläuft fast parallel zur CASSCF-Kurve, allerdings wird der Grundzustand deutlich stärker stabilisiert. Außerdem ändert sich die Krümmung des S_0-Potentials ab einer Verdrillung von 50°, was zur Änderung der Krümmung der Energiedifferenzkurve führt. Bei 60° beträgt der Energieunterschied zwischen S_0 und S_1 13,5 kcal·mol^{-1}. Weitere Punkte des Pfades lassen sich mit CASSCF nicht bestimmen, da aus oben genannten Gründen die Energieminimierung jenseits von 60° nicht möglich ist. Da eine Optimierung auf dem CASPT2-Level mit einem enormen Rechenaufwand verbunden ist, kann nicht ausgeschlossen werden, dass dennoch die konische Durchschneidung erreicht wird. Zwar deutet die Änderung

5.2. Fünf-Doppelbindungsmodell des Retinals

der Krümmung auf eine Durchschneidung bei deutlich höherer Verdrillung hin, aber man muss bedenken, dass die CASPT2-Potentiale auf der Basis von CASSCF-Geometrien berechnet wurden, die für diese Methode nicht adäquat sind.

5.2.1.2 Bicycle-Pedal Isomerisierung

Die gleichzeitige Isomerisierung von zwei Doppelbindungen im Modell 5db-PSB eröffnet eine zusätzliche Variationsmöglichkeit gegenüber dem Modell 4db-PSB. Neben der C13-C14-Bindung kann die zentrale C11-C12-Bindung auch mit der C9-10-Doppelbindung koppeln, da es sich bei der letzteren in dem größeren Modell um keine terminale Bindung handelt. Für beide Reaktionen sind wiederum zwei Rotationsmoden möglich: entweder die Bindungen drehen in die gleiche Richtung, konrotatorisch, oder in entgegen gesetzte Richtungen, also disrotatorisch (Abbildung 5.13).

In den Abbildungen 5.14 und 5.15 sind die konrotatorischen (*bp-11-13.k*) und die disrotatorischen Pfade (*bp-11-13.d*) für die gleichzeitige Isomerisierung um die Bindungen C11-C12 und C13-C14 dargestellt. Sie entsprechen im Prinzip den Pfaden, die für das kleinere Modell 4db-PSB mit den vier Doppelbindungen berechnet wurden.

Für die Rotation der konrotatorisch isomerisierenden Doppelbindungen C11-C12 und C13-C14 ist die CASSCF-Potentialkurve im angeregten Zustand sehr flach. Sie nimmt bis zu einem Winkel von 65° ab und steigt in den nächsten 20° um maximal 2 kcal·mol^{-1}. Die dazugehörige Potentialkurve des Grundzustandes steigt sehr steil an, sodass insgesamt die Energiedifferenz deutlich sinkt. Bereits bei 42,5° hat sich die Energie zwischen den beiden Zuständen halbiert. Das Minimum der Energiedifferenz liegt bei 4,4 kcal·mol^{-1}. Allerdings muss die oben genannte Barriere von 2 kcal·mol^{-1} im angeregten Zustand überwunden werden, um dieses Minimum bei 82,5° zu erreichen.

Einige Einfach- und Doppelbindungen verändern sich unterschiedlich im Vergleich zur Isomerisierung einer einzelnen Doppelbindung. Die beiden Doppelbindungen C11-C12 und C13-C14 (Abbildung 5.14 D), die durch die Inversion

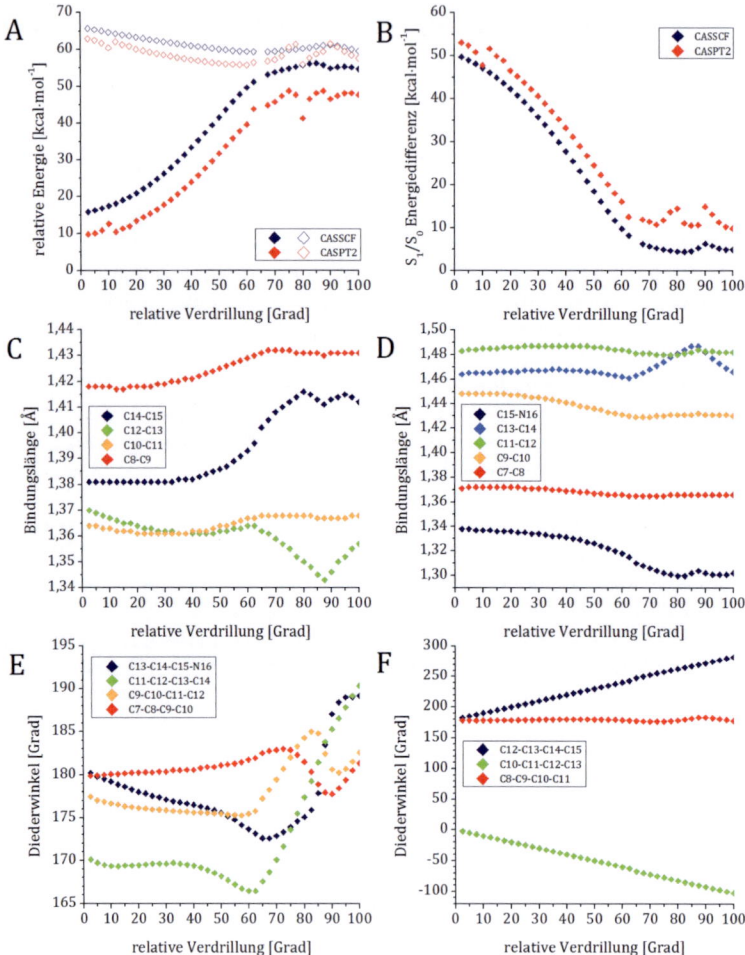

Abbildung 5.14 Reaktionspfad für den *bp-11-13.k*-Mechanismus. **A**: Verlauf der potentiellen Energie auf dem CASSCF- und dem CASPT2//CASSCF-Level; **B**: Vergleich der S_1/S_0 Energiedifferenz für CASSCF und CASPT2//CASSCF; **C**: Bindungslängen der Einfachbindungen; **D**: Bindungslängen der Doppelbindungen; **E**: Diederwinkel der Einfachbindungen. **F**: Diederwinkel der drei mittleren Doppelbindungen.

5.2. Fünf-Doppelbindungsmodell des Retinals

der Bindungsalternanz im angeregten Zustand zu Einfachbindungen werden, werden mit zunehmender Verdrillung gestreckt. Bis zu dem Punkt, an dem im angeregten Zustand keine Barriere vorliegt, verlaufen beide Bindungslängenänderungen parallel. Nach einem lokalen Minimum bei 65° wird vor allem die C13-C14-Bindung weiter gestreckt. Dabei handelt es sich um die Auswirkung der hohen Verdrillung des Torsionswinkels C12-C13-C14-C15. Die Bicycle-Pedal Isomerisierung beeinflusst auch deutlich die benachbarten Bindungen C12-C13 und C14-C15 (Abbildung 5.14 C). Im Vergleich zum *s11*-Mechanismus wird die C14-C15 Bindung um bis zu 0,3 Å gedehnt und C12-C13 um den gleichen Betrag gestaucht. Die letztere Bindung liegt zwischen den beiden isomerisierenden Bindungen und hat ähnlich wie C14-C15 signifikanten Doppelbindungscharakter in S_1-Zustand. Für die restlichen Bindungen ist der Verlauf sowohl qualitativ und quantitativ ähnlich.

Die Konformationen der benachbarten Einfachbindungen (Abbildung 5.14 E) verändern sich ähnlich wie bei der *s11*-Isomerisierung. Mit zunehmender Verdrillung der beiden Doppelbindungen erreichen die Torsionswinkel der C12-C13- und der C14-C15-Einfachbindungen 10° bzw. 15 - 20°, wenn die beiden Doppelbindungen jeweils um ca. 90° verdrillt sind. Diese Verdrillungen sind, wie die oben beschriebene Bindungsstreckung bzw. -stauchung, Ausdruck der invertierten π-Elektronendichte des Moleküls im angeregten Zustand.

Der zweite Modus der Isomerisierung ist durch die disrotatorische Drehung der beiden Doppelbindungen gekennzeichnet. Die Bindungen C11-C12 und C13-C14 rotieren entgegengesetzt, voneinander weg. Das Energieprofil ist etwas flacher im Vergleich zum konrotatorischen Modus (Abbildung 5.15 A). Allerdings nimmt die Energie im Verlauf der Rotation bis 90° ständig ab, d.h. es gibt keine Energiebarriere im angeregten Zustand. Das Minimum der Energiedifferenz liegt bei 90° und beträgt 5,2 kcal·mol^{-1} (Abbildung 5.15 B). Die Doppelbindungslängen verändern sich bei der konrotatorischen und der disrotatorischen Isomerisierung entlang des BP-Rotationspfades in sehr ähnlicher Weise. Während die C11-C12-Bindung allerdings beide Male die gleiche sigmoide Entwicklung aufweist, wird die C13-C14-Bindung im Fall der disrotatorischen Drehung ab 65° deutlich gestreckt und ist bis zur Verdrillung von 90° länger als die C11-C12 Bindung. Es zeigt sich, dass diese Rotation, die durch den vorgegebenen Diederwinkel bestimmt wird, mit höherem Energieaufwand als der konrotatorische Modus verbunden ist. Der Energieabstand ist bei ähnlicher Verdrillung der konrotatorischen Bewegung am geringsten. An diesem Punkt ist auch die Einfachbindung C12-C13 eindeutig am kürzesten für den Mechanismus bei dem die Doppelbindungen in den entgegengesetzten Sinn rotieren. Da C12-C13 im angeregten Zustand einen Doppelbindungscharakter aufweist, kann die gestauchte Bindung als Verstärkung der Bindungsalternanz gewertet werden. Durch die verschiedene Relation der Doppelbindungsisomerisierungen in den

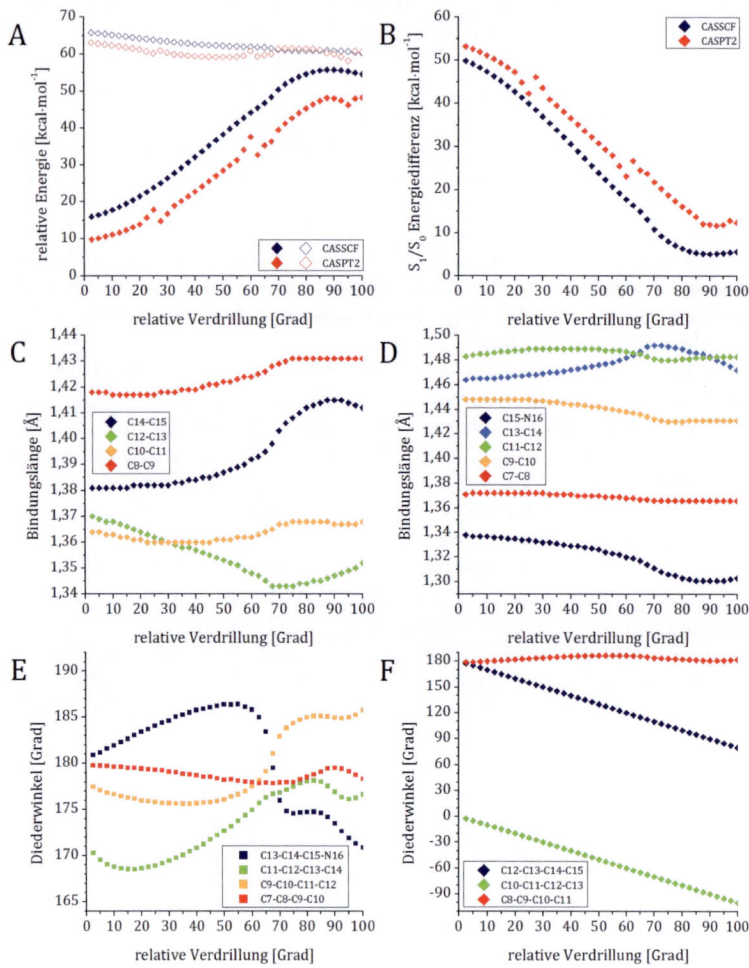

Abbildung 5.15 Reaktionspfad für den *bp-11-13.d*-Mechanismus. **A**: Verlauf der potentiellen Energie auf dem CASSCF- und dem CASPT2//CASSCF-Level; **B**: Vergleich der S_1/S_0 Energiedifferenz für CASSCF und CASPT2//CASSCF; **C**: Bindungslängen der Einfachbindungen; **D**: Bindungslängen der Doppelbindungen; **E**: Diederwinkel der Einfachbindungen. **F**: Diederwinkel der drei mittleren Doppelbindungen.

5.2. Fünf-Doppelbindungsmodell des Retinals

Abbildung 5.16 Änderung der Orbitale im aktiven Raum entlang des Reaktionspfades *bp-11-13.d*. Die Orbitale sind absteigend nach der Besetzungszahl geordnet. Die drei Spalten beinhalten Orbitale für 2,5°, 45° und 90° Verdrillung der Chromophor-Geometrie.

beiden Moden werden die π-Orbitale unterschiedlich stark verdrillt. Es kommt zu einer Lokalisierung, die sich in der Form der Orbitale (Abbildung 5.16) deutlich macht. Durch die Verdrillung von C12-C13-C14-C15 im entgegensetzten Sinn rotiert auch C13-C14-C15-C16 im konrotatorischen und im disrotatorischen Modus unterschiedlich. Aus dem gleichen Grund verhält sich die Torsion um C11-C12-C13-C14 anders.

Wie oben bereits ausgeführt, ist bei einer protonierten Retinal-Schiff-Base mit fünf Doppelbindungen die Realisierung des Bicycle-Pedal Mechanismus auch über die C11-C12- und C9-C10-Bindungen möglich, und wiederum sind zwei Rotationsmoden denkbar. Die konrotatorische Bewegung der Diederwinkel C8-C9-C10-C11 und C10-C11-C12-C13 ist hier jedoch effizienter, was das Erreichen der konischen Durchdringung und die Relaxation in den Grundzustand betrifft. Aus der Abbildung 5.17 A geht hervor, dass nach 62,5° Verdrillung der Abstand zwischen dem angeregten Zustand und dem Grundzustand nur noch 1,5 kcal·mol^{-1} beträgt. Der Verlauf der S_1-Energie ist ähnlich flach wie bei der *bp-11-13.k*-Isomerisierung, und auch die beiden S_0-Energiekurven verlaufen bis 50° sehr ähnlich. Deutlich unterschiedlich ist dagegen der Verlauf der beiden Zustandsenergien zwischen 50° und 60°. Im Fall der Isomerisierung der Doppelbindungen C11-C12 und C13-C14 ist die Änderung der Krümmung voneinander weg. Im Gegensatz dazu nähern sich im Fall der C9-C10- und C11-C12-Bindungsisomerisierung die Potentiale fast unverändert an, sodass eine konische Durchschneidung möglich erscheint. Damit ist eine ultraschnelle Photoisomerisierung über einen strahlungslosen Übergang für diesen Mechanismus denkbar.

Die im Grundzustand formalen Doppelbindungen C9-C10 und C11-C12 werden mit zunehmender Torsion gedehnt, wobei letztere interessanterweise vor Erreichen der Entartung der elektronischen Zustände etwas kürzer wird. Nachdem beide Bindungen um 30° rotieren, sind dies die längsten Bindungen der konjugierten Retinalkette. Die Stauchung der Einfachbindungen stimmt weitgehend mit der bei der *bp-11-13.k*-Isomerisierung beobachteten überein, auch hier entwickelt sich die C10-C11-Bindung – die dort der C12-C13-Bindung entspricht – zur kürzesten Bindung des konjugierten Systems.

Der Reaktionspfad der disrotatorischen Variante dieser Bicycle-Pedal Isomerisierung erreicht ebenfalls einen Punkt, an dem die beiden elektronischen Zustände beinahe entartet sind; die beiden Diederwinkel sind dabei um 77,5° verdrillt, und die Energiedifferenz beträgt 0,5 kcal·mol^{-1}. Beide disrotatorische Reaktionsmoden zeigen darüber hinaus weitere gleichartige Charakteristika. Im Fall des Mechanismus mit C9-C10 und C11-C12 als reaktive Bindungen laufen die Potentiale aufeinander zu und ein effizienter Übergang ist möglich. Wenn C11-C12 und C13-C14 isomerisieren, ist der Verlauf asymptotisch und die Energiedifferenz ist zwar bis 90° abnehmend, aber dies deutet nicht auf eine konische Durchdringung hin. Beim Vergleich der Bindungslängen fällt auf, dass in

5.2. Fünf-Doppelbindungsmodell des Retinals

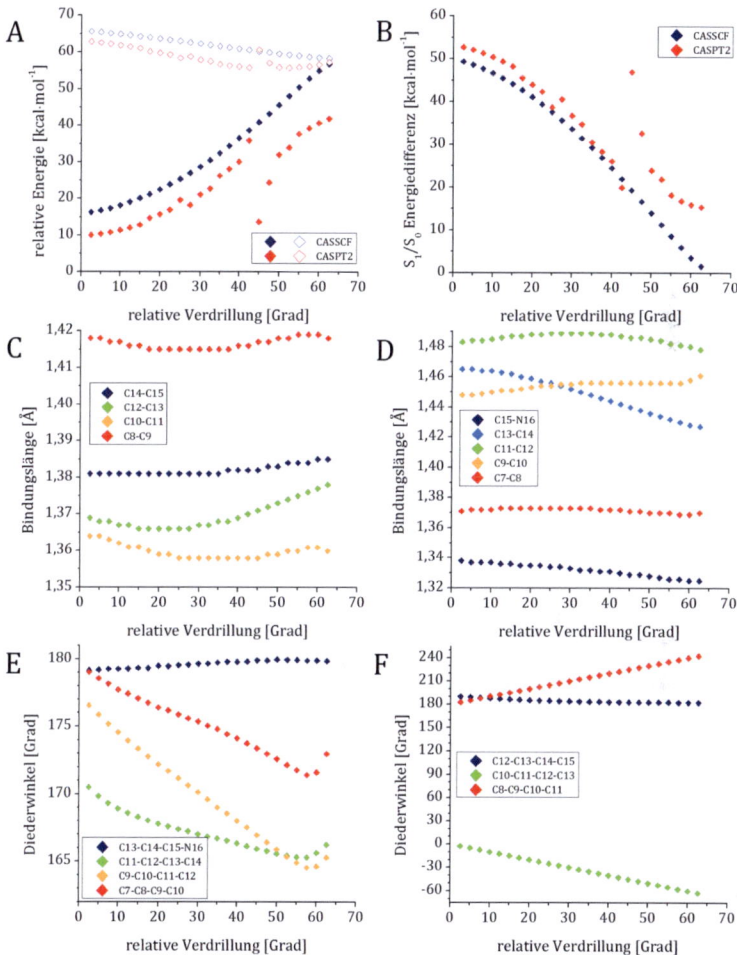

Abbildung 5.17 Reaktionspfad für den *bp-9-11.k*-Mechanismus. **A**: Verlauf der potentiellen Energie auf dem CASSCF- und dem CASPT2//CASSCF-Level; **B**: Vergleich der S_1/S_0 Energiedifferenz für CASSCF und CASPT2//CASSCF; **C**: Bindungslängen der Einfachbindungen; **D**: Bindungslängen der Doppelbindungen; **E**: Diederwinkel der Einfachbindungen. **F**: Diederwinkel der drei mittleren Doppelbindungen.

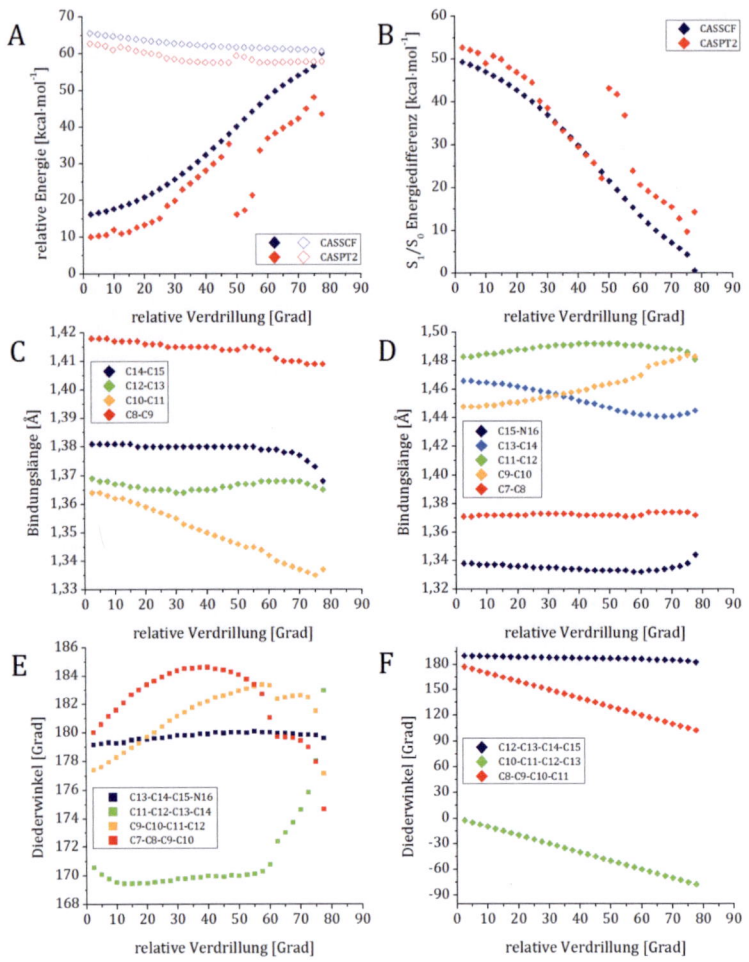

Abbildung 5.18 Reaktionspfad für den *bp-9-11.d*-Mechanismus. **A**: Verlauf der potentiellen Energie auf dem CASSCF- und dem CASPT2//CASSCF-Level; **B**: Vergleich der S_1/S_0 Energiedifferenz für CASSCF und CASPT2//CASSCF; **C**: Bindungslängen der Einfachbindungen; **D**: Bindungslängen der Doppelbindungen; **E**: Diederwinkel der Einfachbindungen. **F**: Diederwinkel der drei mittleren Doppelbindungen.

5.2. Fünf-Doppelbindungsmodell des Retinals

bp-9-11.d bis zur Entartung der Zustände die Bindung C11-C12 am längsten ist. Die zweite isomerisierende Doppelbindung ist zunächst kürzer als C13-C14. Ab 35° wird die Bindung C9-C10 länger als C13-C14 und die Änderung verläuft parallel zu C11-C12 bis 55°. Dann wird C9-C10 stark gestreckt. Im Mechanismus *bp-11-13.d* ist C11-C12 bis 65° länger als C13-C14, bei größerer Verdrillung bis 90° ändert sich die Reihenfolge. Die Einfachbindung zwischen den isomerisierenden Bindungen wird in beiden Mechanismen stark gestaucht. Im Gegensatz zu *bp-11-13.d* ändern sich die restlichen Einfachbindungen nur geringfügig. Große Ähnlichkeit lässt sich auch beim Vergleich der Diederwinkel feststellen. Die Änderung ist von der gleichen Größenordnung. Die Einfachbindungen, die die rotierenden Bindungen flankieren, rotieren im entgegengesetzten Sinn. Erwartungsgemäß ist die vom Reaktionsort am weitesten entfernte Bindung am wenigsten betroffen.

Um den Effekt der dynamischen Elektronenkorrelation auf die vier unterschiedlichen Bicycle-Pedal Mechanismen zu untersuchen, wurden CASPT2-Rechnungen durchgeführt. Da die Geometrieoptimierung mit CASPT2 zu rechenaufwendig ist und zu dem auch analytische Gradienten fehlen, wurden die CASSCF-optimierten Strukturen verwendet. Aus den Graphen A und B der Abbildungen 5.14, 5.15, 5.17 und 5.18 geht hervor, dass die Energie des Grundzustandes mit CASPT2 deutlich stärker stabilisiert wird als die des angeregten Zustandes. Ähnliches wurde bereits für das 4db-PSB-Modell festgestellt. Durch die erhöhte Stabilisierung kommt es in keinen der vier Mechanismen zu einer Energiebarriere unter 10 kcal·mol^{-1}. Zusätzlich führen Sprünge in der Energie zu einem unstetigen Verlauf der Energie entlang der relaxierten Pfade, speziell in den Mechanismen *bp-9-11.d* und *bp-9-11.k*. In den anderen beiden Mechanismen sind die Unstetigkeiten weniger ausgeprägt. Für das 5db-PSB-Modell lässt sich genau so wenig wie für das kleinere Modell sagen, ob die Berücksichtigung der dynamischen Elektronenkorrelation dazu führt, dass die Energiebarriere größer wird oder die CASSCF- und CASPT2-Geometrien zu verschieden sind.

Der Bicycle-Pedal Mechanismus, in dem die gleichen Doppelbindungen wie im vollständigen Chromophor reagieren, ist für das 4db-PSB-Modell realisierbar. Bei der Verdrillung von 72.5° wird der CASSCF-Energieunterschied 0,6 kcal·mol^{-1} für den konrotatorischen und 0,8 kcal·mol^{-1} für den disrotatorischen Modus. In den entsprechenden Mechanismen *bp-11-13.k* bzw. *bp-11-13.d* des größeren Modells nähern sich die Potentiale bei einer Rotation bis 90° auf 4,4 kcal·mol^{-1} bzw. 5,2 kcal·mol^{-1} an. Deutlich effizienter sind die Doppelrotationen der Bindungen C9-C10 und C11-C12. Der konrotatorische Pfad führt bereits bei einer Verdrillung von 62,5° zu einer Energiedifferenz von 1,5 kcal·mol^{-1}, und der disrotatorische bei 77,5° Verdrillung zu 0,5 kcal·mol^{-1}. Beim 5db-PSB ist außerdem der konrotatorische Mechanismus, der Warshels ursprünglichem Reaktionsmodell entspricht, im Vergleich zum disrotatorischen energetisch günstiger.

5.2.1.3 Hula-Twist Isomerisierung

Ein anderer Mechanismus für die Isomerisierung von konjugierten Polyenen wurde von Liu und Asato vorgeschlagen.[52] Dabei isomerisiert eine Doppelbindung und die benachbarte Einfachbindung gleichzeitig. Dieser Mechanismus soll weniger Platz als OBF und BP beanspruchen[53, 252], und die Umlagerung des Chromophors in der umgebenden Proteinbindungstasche könnte innerhalb von 200 fs erfolgen. Im Fall des 11-*cis*-Retinals kann entweder C9-C10 oder C13-C14 mit der formalen Doppelbindung isomerisieren. Auch für den HT-Mechanismus gibt es für jedes Paar von Doppelbindungen zwei Rotationsmoden: konrotatorisch und disrotatorisch. Damit gibt es vier Isomerisierungsmöglichkeiten die in der Abbildung 5.19 dargestellt sind.

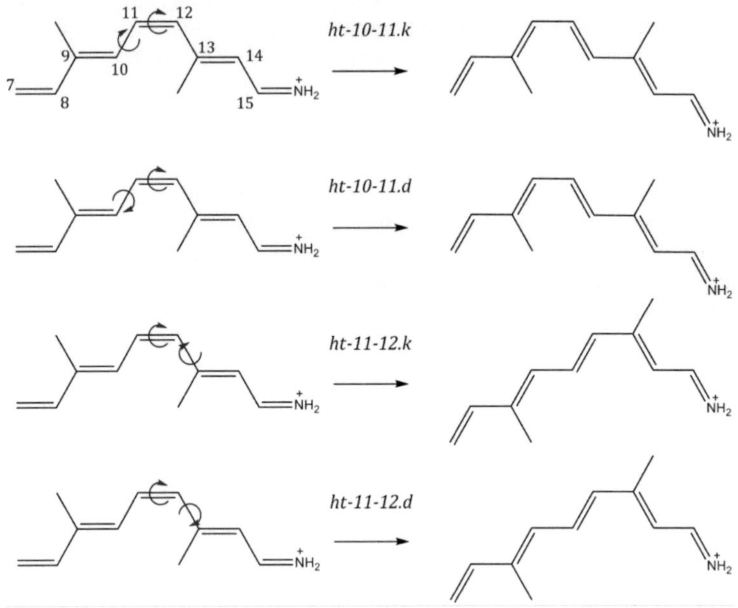

Abbildung 5.19 Die vier untersuchten Hula-Twist-Isomerisierungen des Modells 5db-PSB.

5.2. Fünf-Doppelbindungsmodell des Retinals

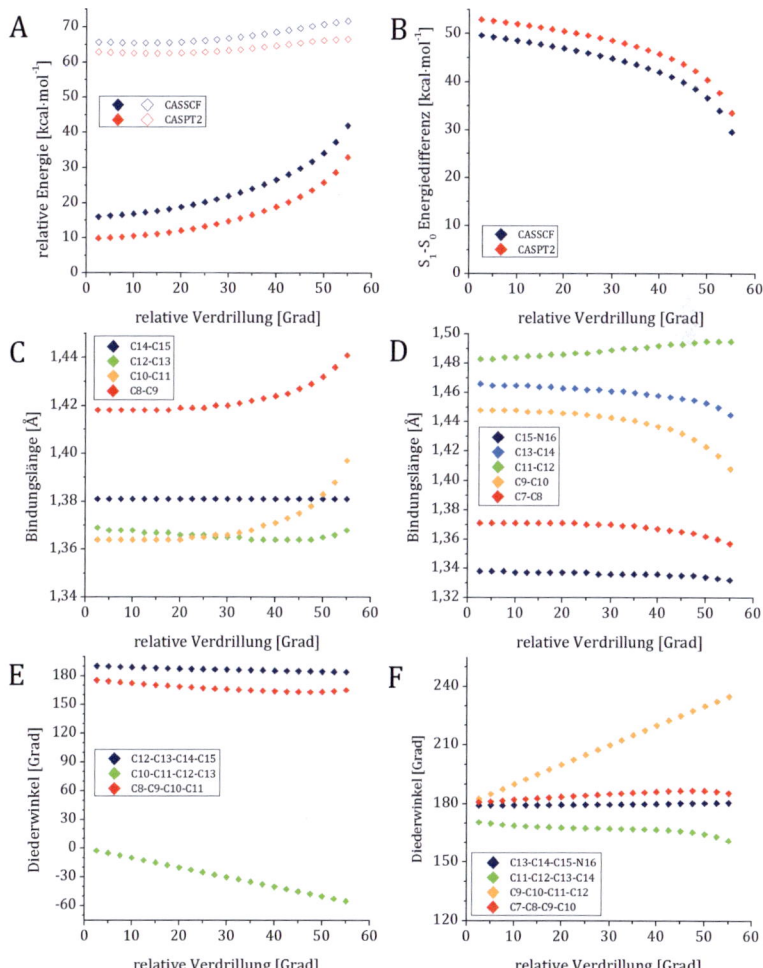

Abbildung 5.20 Reaktionspfad für den *ht-10-11.k*-Mechanismus. **A**: Verlauf der potentiellen Energie auf dem CASSCF- und dem CASPT2//CASSCF-Level; **B**: Vergleich der S_1/S_0 Energiedifferenz für CASSCF und CASPT2//CASSCF; **C**: Bindungslängen der Einfachbindungen; **D**: Bindungslängen der Doppelbindungen; **E**: Diederwinkel der Einfachbindungen. **F**: Diederwinkel der drei mittleren Doppelbindungen.

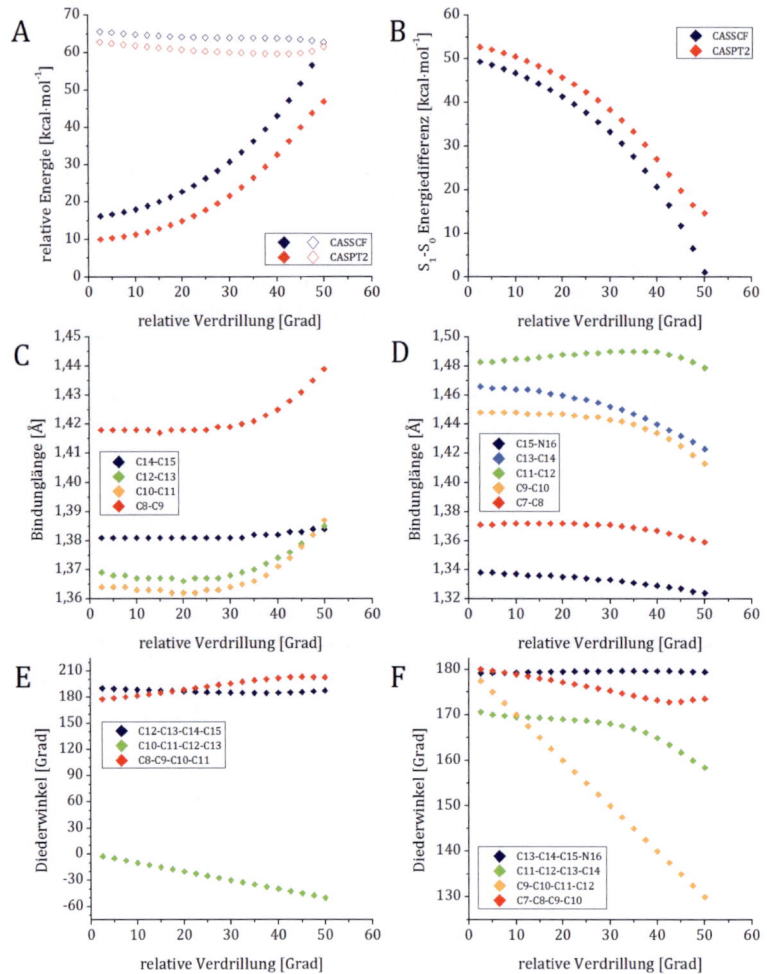

Abbildung 5.21 Reaktionspfad für den *ht-10-11.d*-Mechanismus. **A**: Verlauf der potentiellen Energie auf dem CASSCF- und dem CASPT2//CASSCF-Level; **B**: Vergleich der S_1/S_0 Energiedifferenz für CASSCF und CASPT2//CASSCF; **C**: Bindungslängen der Einfachbindungen; **D**: Bindungslängen der Doppelbindungen; **E**: Diederwinkel der Einfachbindungen. **F**: Diederwinkel der drei mittleren Doppelbindungen.

5.2. Fünf-Doppelbindungsmodell des Retinals

Die gleichzeitige Rotation der Bindungen C10-C11 und C11-C12 führt zu unterschiedlichen Energieprofilen für den konrotatorischen und den disrotatorischen Rotationsmodus. Während die Rotation im gleichen Sinn zum Anstieg der Energie im angeregten Zustand führt (Abbildung 5.20 A), fällt die Energie für die Rotation im entgegengesetzten Sinn ab (Abbildung 5.21 A). Für die konrotatorische Isomerisierung steigt die Energie auch im Grundzustand an, und zwar steiler als im angeregten Zustand, und deswegen nimmt die Energiedifferenz zwischen den beiden Zuständen ab (Abbildung 5.20 B). Die formalen Einfachbindungen verändern sich ähnlich wie bei der *s11*-Isomerisierung, die Bindung C8-C9 wird allerdings stärker gedehnt und die rotierende Bindung C10-C11 wird überraschenderweise erst ab 40° Verdrillung deutlich gestreckt (Abbildung 5.20 C). Da man den Diederwinkel C9-C10-C11-C12 im relaxierten Pfad schrittweise vergrößert, hätte man eine größere Streckung der C10-C11-Bindung erwartet. Die Bindungslänge der formalen Doppelbindung C11-C12 liegt wie bei allen oben beschriebenen Mechanismen zwischen 1,48 und 1,50 Å (Abbildung 5.20 D). Bei den anderen Bindungslängen gibt es ebenfalls keine Auffälligkeiten im Vergleich zum OBF- oder BP-Mechanismus. Mit Ausnahme der beiden rotierenden Bindungen im Mechanismus *ht-10-11.k* wird kein Diederwinkel größer als 15° bis zum Punkt, an dem C10-C11 und C11-C12 um 55° verdrillt wurden. Für die nächsten Schritte wurde keine Konvergenz der CASSCF-Energie erreicht, und deshalb konnte die Berechnung nicht fortgeführt werden. Es ist aber deutlich zu sehen, dass es sich bei diesem Reaktionspfad um den bisher am wenigsten effektiven handelt, denn bei 55° Verdrillung beträgt die Differenz zwischen dem S_1- und dem S_0-Zustand immer noch 30 kcal·mol^{-1}.

Im Gegensatz zu *ht-10-11.k* ist die *ht-10-11.d*-Isomerisierung hocheffektiv. Bereits nach einer Verdrillung von 50° sind der Grund- und der angeregte Zustand fast entartet (Abbildung 5.21 A). Die Energiedifferenz nimmt sehr schnell ab, weil der Grundzustand deutlich destabilisiert wird, und beträgt am letzten optimierten Punkt 1,1 kcal·mol^{-1}. Die Energie des angeregten Zustands nimmt in diesem Bereich nur um 3 kcal·mol^{-1} ab und verläuft damit ähnlich flach wie für die BP-Mechanismen. Die Bindungslängen und die Torsionswinkel ändern sich wie beim *ht-10-11.k*-Mechanismus mit Ausnahme der C10-C11-Bindung. Diese ist bis zur Verdrillung von 45° die kürzeste der formalen Einfachbindungen, obwohl es sich um eine isomerisierende Doppelbindung handelt. Ungeachtet dessen handelt es sich hierbei um den effektivsten Mechanismus, da die konische Durchdringung nach bereits 50° Verdrillung erreicht wurde. Dieser Wert entspricht in etwa den Ergebnissen für kleinere Retinal-Modelle aus der Literatur.[253] Im Vergleich zu *ht-10-11.d*-Isomerisierung wird für *s11* die C11-C12-Bindung um 60° verdrillt und bei den beiden BP-Mechanismen, *bp-9-11.k* und *bp-9-11.d*, sogar um 62,5° bzw. 77,5°, um eine konische Durchschneidung zu erreichen.

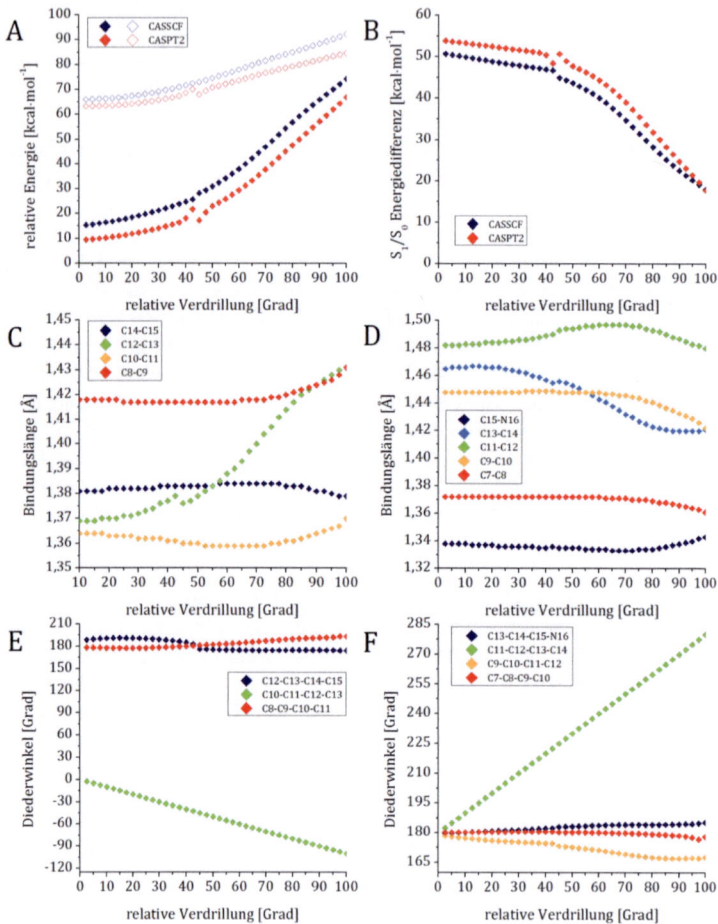

Abbildung 5.22 Reaktionspfad für den *ht-11-12.k*-Mechanismus. **A**: Verlauf der potentiellen Energie auf dem CASSCF- und dem CASPT2//CASSCF-Level; **B**: Vergleich der S_1/S_0 Energiedifferenz für CASSCF und CASPT2//CASSCF; **C**: Bindungslängen der Einfachbindungen; **D**: Bindungslängen der Doppelbindungen; **E**: Diederwinkel der Einfachbindungen. **F**: Diederwinkel der drei mittleren Doppelbindungen.

5.2. Fünf-Doppelbindungsmodell des Retinals

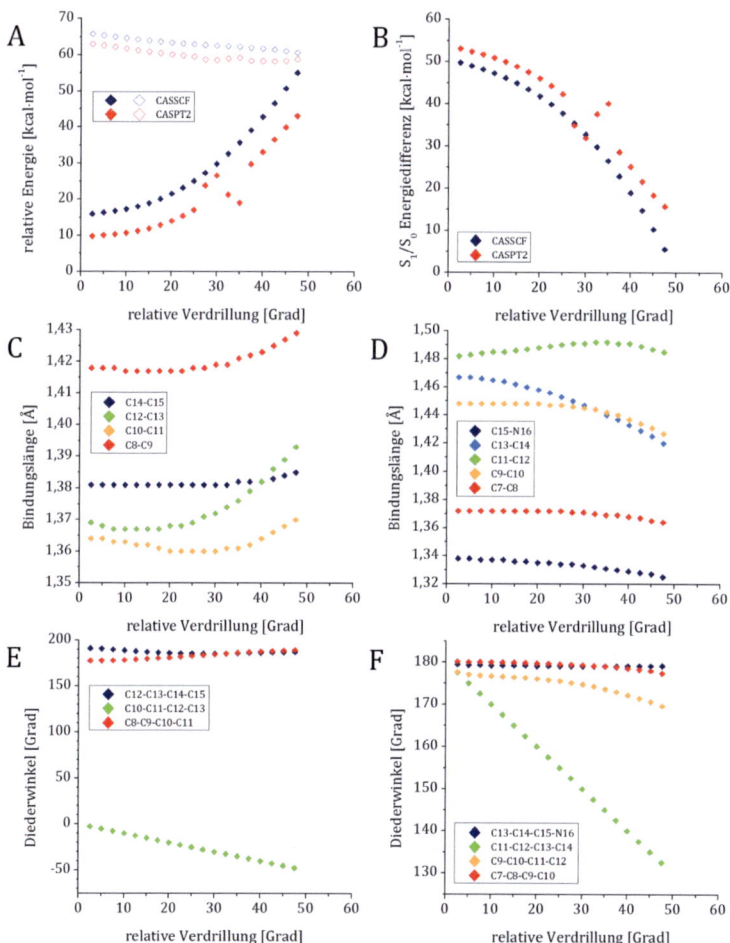

Abbildung 5.23 Reaktionspfad für den *ht-11-12.d*-Mechanismus. **A**: Verlauf der potentiellen Energie auf dem CASSCF- und dem CASPT2//CASSCF-Level; **B**: Vergleich der S_1/S_0 Energiedifferenz für CASSCF und CASPT2//CASSCF; **C**: Bindungslängen der Einfachbindungen; **D**: Bindungslängen der Doppelbindungen; **E**: Diederwinkel der Einfachbindungen. **F**: Diederwinkel der drei mittleren Doppelbindungen.

Die beiden Rotationsmoden des HT-Mechanismus um die C11-C12- und C12-C13-Bindungen verhalten sich analog zu den beiden oben beschriebenen Mechanismen. Bei der Berechnung der konrotatorischen Isomerisierung *ht-11-12.k* gab es keine Konvergenzprobleme und so konnte die Rotation bis 100° fortgeführt werden (Abbildung 5.22). Für diesen Mechanismus wurde wie für *ht-10-11.k* ein langsames Abnehmen der Energiedifferenz zwischen den S_1- und S_0-Zuständen gefunden (Abbildung 5.22 B). Sie beträgt im Vergleich zu *ht-10-11.k* 42 kcal·mol^{-1} bei 55° und ist damit der energetisch ungünstigste Mechanismus, der in dieser Arbeit untersucht wurde. Entscheidend ist außerdem, dass für alle anderen Mechanismen die Energiekurve im angeregten Zustand zwar flach ist, aber dennoch mit steigender Verdrillung abnimmt. Im Fall der *ht-11-12.k*-Isomerisierung steigt sie aber an (Abbildung 5.22 A). Bis zu einer Verdrillung von 100° ist die Energie um 24 kcal·mol^{-1} angestiegen, und die Differenz zum Grundzustand ist durch die große Destabilisierung auf 18 kcal·mol^{-1} verringert (Abbildung 5.22 B). Es kommt also nicht zu einem strahlungslosen Übergang.

Der Reaktionspfad der disrotatorischen HT-Isomerisierung um die Bindungen C11-C12 und C12-C13 ist dem entsprechenden Pfad unter Beteiligung der C10-C11 Einfachbindung sehr ähnlich. Die Potentiale von S_0 und S_1 verlaufen fast deckungsgleich (Abbildung 5.23 A). Der letzte Punkt des *ht-11-12.d*-Pfades wurde für 47,5° Verdrillung erhalten. Bei der Optimierung der weiteren Punkte wurden die Konvergenzkriterien nicht erfüllt. Da der Verlauf der Potentiale, der beiden elektronischen Zustände, die Veränderung der Bindungslängen (Abbildung 5.23 C und D) und der Diederwinkel (Abbildung 5.23 E und F) sehr ähnlich zu *ht-10-11.d* sind und die Energiedifferenz für 47,5° Verdrillung bei 6,6 kcal·mol^{-1} (*ht-10-11.d*) und 5,6 kcal·mol^{-1} (*ht-11-12.d*) liegen, kann man davon ausgehen, dass im nächsten Schritt die konische Durchdringung für *ht-11-12.d* erreicht wird. Damit wird für die beiden disrotatorischen HT-Isomerisierungen die geringste Verdrillung benötigt, um die konische Durchdringung zu erreichen.

Mit CASPT2-Berechnungen der einzelnen CASSCF-optimierten Geometrien wurde die dynamische Elektronenkorrelation berücksichtigt. Für den Hula-Twist-Mechanismus fällt auf, dass es im Vergleich zum Bicycle-Pedal-Mechanismus deutlich weniger Diskontinuitäten und Sprünge in der Energiekurve gibt. Insbesondere für die beiden *ht-10-11*-Mechanismen verlaufen die Energiekurven der elektronischen Zustände und deren Differenz parallel zu den CASSCF-Energiekurven. Dabei ist die CASPT2//CASSCF-Grundzustandsenergie mehr stabilisiert als die reine CASSCF-Energie.

5.2.2 Trajektorien

Bei der Untersuchung des Reaktionsmechanismus der Photoisomerisierung von Retinalmodellen darf man den dynamischen Aspekt nicht vernachlässigen.

5.2. Fünf-Doppelbindungsmodell des Retinals 107

Für die oben beschriebenen Reaktionspfade, die mit Hilfe von Geometrieoptimierungen erhalten wurden, ist die kinetische Energie gleich Null, d.h. es handelt sich um idealisierte Pfade, die aus Punkten der niedrigsten Energie bestehen. In Moleküldynamiksimulationen wird die kinetische Energie berücksichtigt. Die kinetische Energie kann dazu führen, dass das Molekül vom „Idealpfad" abweicht und Barrieren überwindet. Um eine Photoreaktion vollständig verstehen zu können, schlagen Robb und Mitarbeiter ein Vorgehen in drei Schritten vor.[58] Im ersten Schritt werden stationäre Punkte der Potentialhyperfläche optimiert. Ausgehend von den energieminimierten Geometrien charakterisiert man den angeregten Zustand. Man geht also von einer optimierten Molekülstruktur im Grundzustand aus und erhält den ersten Punkt durch die Berechnung des elektronisch angeregten Zustands. Die Energiedifferenz ist vergleichbar mit der experimentell gemessenen vertikalen Anregungsenergie. Von diesem Punkt aus gibt es mehrere Möglichkeiten den Reaktionspfad zu untersuchen. Eine Möglichkeit besteht in der Berechnung relaxierter Pfade (siehe Abschnitt 5.1.3 und 5.2.1). Dabei werden schrittweise eine oder mehrere Reaktionskoordinaten verändert, die zu energetisch tieferen Zuständen führen könnten, und optimiert alle anderen Koordinaten. Eine andere Möglichkeit ist die Berechnung des Reaktionswegs mit Hilfe eines Startvektors oder der Geometrie am elektronischen Übergang; man spricht dann von einem minimalen Energiepfad (*minimum energy path*) oder auch von einer intrinsischen Reaktionskoordinate (*IRC intrinsic reaction coordinate*), wenn diese Pfade in massengewichteten Koordinaten berechnet werden.

In beiden Varianten beschreiben die Pfade einen optimierten Reaktionsweg des Moleküls. Diese Simulationen bieten Information über den Verlauf der Photoreaktion, sind aber statischer Natur. Erst unter Einschluss der kinetischen Energie der Atome kommt man zu Reaktionspfaden, die Barrieren überwinden und vom statischen Pfad abweichen können. Diese *Moleküldynamiksimulationen* ermöglichen die Berechnung von Reaktionszeiten und Quantenausbeuten. Dazu wird ein Ensemble von Molekülen mit unterschiedlichen Startkoordinaten und -geschwindigkeiten erzeugt und propagiert. Das Verfahren, um solche Startbedingungen für MD-Simulationen zu erzeugen, ist im Abschnitt 4.2.1 beschrieben.

In dieser Arbeit werden Trajektorien von verschiedenen Retinalmodellen beschrieben mit dem Ziel, die intrinsischen Eigenschaften dieser Verbindungen, also ihr Verhalten im Vakuum, zu untersuchen. Die eingesetzten Modellverbindungen sind in der Abbildung 5.24 dargestellt. Sie unterscheiden sich sowohl in ihrer Konstitution als auch in ihrer Konformation. Neben dem all-*trans*-Isomeren *5db_at,* das als Modell für das all-*trans*-Retinal steht, wurden drei verschiedene *cis*-Isomere untersucht, nämlich *5db_9c*, *5db_11c* und *5db_13c*, die dem 9-*cis*-, 11-*cis*- und dem 13-*cis*-Retinal entsprechen. Diese Retinale sind in Form von kovalent gebundenen protonierten Schiff-Basen in zwei Klassen von

Retiyliden-Proteinen enthalten:[254] Typ I besteht aus mikrobiellen Rhodopsinen, die als Sensoren der Phototaxis (Sensorrhodopsin I und II) bzw. als Ionenpumpen (Bacteriorhodopsin, Halorhodopsin) fungieren[255], während Typ II aus Photorezeptoren im Auge der Tiere, Rezeptorproteinen in der Zirbeldrüse und dem Hypothalamus sowie Proteinen der höheren Eukaryoten besteht[256]. Obwohl beide Proteinfamilien Retinal als Chromophor nutzen, unterscheidet sich die Konfiguration des Retinals. Rhodopsine vom Typ I binden das all-*trans*-Retinal und Typ II Rhodopsine das 11-*cis*-Retinal. Ein Unterschied zwischen den Retinalen dieser beiden Protein-Klassen besteht in der Verknüpfung des β-Ionon-Rings mit der Polyenkette. In den Rhodopsinen ist diese Verknüpfung verdrillt 6s-*cis*-, in den Bakteriorhodopsinen angenähert 6s-*trans*.[257] Da dem Fünfdoppelbindungsmodell der β-Ionon-Ring fehlt, können unsere Rechnungen zwischen diesen beiden Proteinen nicht unterscheiden. Das 13-*cis*-Retinal kennzeichnet den lichtadaptierten Zustand des Bakteriorhodopsins, während das 11-*cis*- bzw. das 9-*cis*-Retinal im Ruhestand von Rhodopsin bzw. Isorhodopsin zu finden sind.

In der zweiten Gruppe der Chromophormodelle sind an verschiedenen Positionen der Polyenkette Methyl- bzw. Ethylgruppen entfernt oder hinzugefügt. Der Einfluss solcher Substitutionen auf die Effizienz der Photoisomerisierung ist experimentell nachgewiesen.[258-261] Besonders gründlich wurde der Effekt der Methylgruppe am C13-Kohlenstoffatom untersucht.[260-262] Man vermutet, dass diese CH$_3$-Gruppe im 11-*cis*-Retinal die Verdrillung des Chromophors um die C11=C12-Doppelbindung unterstützt und so die Isomerisierung um diese Bindung beschleunigt, ein Effekt, der mittels zeitaufgelöster Spektroskopie belegt wurde.[260-262] Das Produkt des 13-demethyl-Rhodopsins wurde nach 400 fs gebildet,[260] und die Quantenausbeute fällt mit 0,28[258]-0,47[261] deutlich geringer aus als im Rhodopsin (0,65-0,67)[61, 263, 264]. Weitere Untersuchungen am Retinal-Analogen mit der Methylgruppe in der Position C10 haben gezeigt, dass die Verdrillung wiederhergestellt, aber die Effektivität mit der Quantenausbeute von 0,35 noch geringer ist.[261] Zwei Methylgruppen gleichzeitig, am Kohlenstoff C10 und C13, erhöhen die sterische Wechselwirkung[265] und führen zur erhöhten Verdrillung um die C11-C12-Bindung. Allerdings wird trotz der Torsion keine Erhöhung in der Effektivität beobachtet; die Quantenausbeute nimmt ab und beträgt 0,55.

Da die experimentellen Untersuchungen in der Proteinumgebung durchgeführt wurden, ist nicht bekannt, ob diese Effekte durch die Raumbeschränkung in der Proteintasche ausgelöst werden oder eine intrinsische Eigenschaft des Retinalchromophors darstellen. Moleküldynamiksimulationen der Modelle *5db-11c_13dm*, *5db-11c_10m13dm* und *5db-11c_10m* können zu einer Klärung dieser Frage beitragen. Zusätzlich soll auch der Einfluss der Methylgruppe am Kohlenstoffatom C9 untersucht werden. Dazu wurde in den Modellchromophoren *5db-11c_9dm* bzw. *5db-11c_9et* die Methylgruppe durch ein

5.2. Fünf-Doppelbindungsmodell des Retinals

Wasserstoffatom bzw. eine Ethylgruppe substituiert. Smith und Mitarbeiter haben gezeigt, dass dieser Methylgruppe eine große Bedeutung zukommt.[266-271] Schließlich wurden in dem 11-*cis*-Retinal-Modell 5db-11c_9dm13dm alle Methylgruppen entfernt, um eine Referenz für die verschiedenen Derivate zu haben.

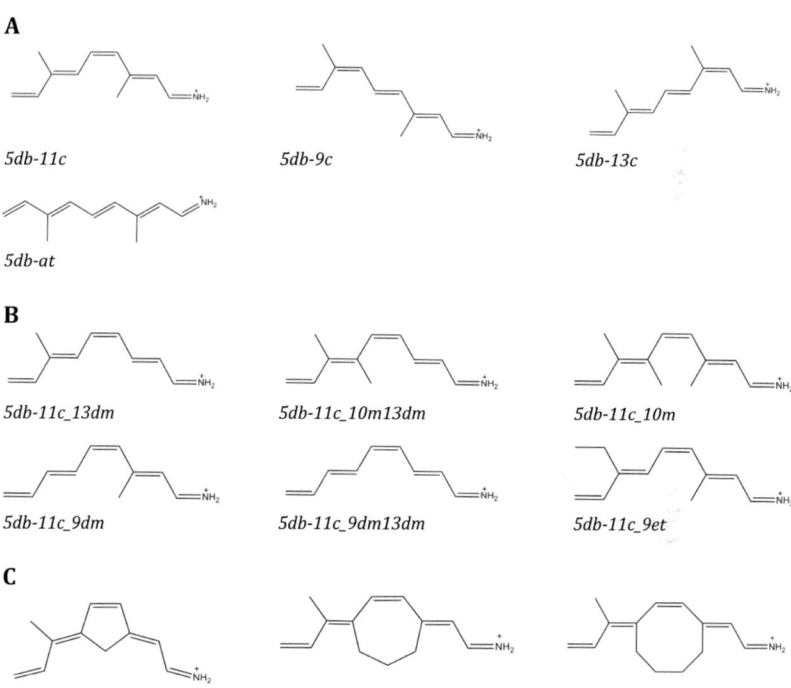

Abbildung 5.24 Übersicht der verwendeten Retinalmodelle. A: Konformationsisomere; B: Methyl- und ethylsubstituierte Derivate; C: Überbrückte Derivate.

Die dritte Gruppe von Modellchromophoren umfaßt mehrere 11-*cis*-verbrückte Retinale. In dieser Arbeit wurden Retinal-Analoge mit einem 5-, einem 7- und einem 8-Ring untersucht, die spektroskopisch von Yoshizawa und Mitarbeitern[272-274] ausführlich charakterisiert sind. Diese Verbindungen haben dazu beigetragen, die von Yoshizawa und Wald bereits im Jahre 1963 postulierte[275] *cis/trans*-Isomerisierung der C11=C12 Doppelbindung als Primärereignis des Sehvorgangs experimentell zu untermauern. Wird dieser erste Schritt durch die Klammerung der Doppelbindung behindert, so wird die

Bildung der Folgeintermediate bis hin zum signalgebenden aktiven Zustand unterbunden. Für 5- und 7-Ring verbrückte Retinale konnte z. B. die Bildung von Bathorhodopsin nicht nachgewiesen werden.[272, 276] Später wurde mit Pikosekunden-aufgelöster Laser-Spektroskopie gezeigt, dass ein Photorhodopsin-ähnliches Intermediat des 7-Ring verbrückten Retinal entsteht.[273]

5.2.3 Vergleich der Isomere

Als Ergebnis einer Vielzahl von theoretischen Arbeiten hat sich allgemein die Auffassung durchgesetzt, dass protonierte Retinal Schiff-Basen über zwei Reaktionskoordinaten aus dem angeregten Zustand in den Grundzustand gelangen.[235, 238, 242-246] Diese beiden Koordinaten sind die Streckschwingung der Kohlenstoffbindungen und die Torsion um eine der Doppelbindungen. Die Streckschwingungskoordinate wird nach der Anregung aktiviert, wenn die Kerne sich der neuen Elektronenkonfiguration im angeregten Zustand anpassen. Sie führt zur Reduktion der Energiedifferenz zwischen dem angeregten Zustand und dem Grundzustand. Dies allein ist jedoch nicht ausreichend, um eine konische Durchschneidung zu erreichen. Erst durch die Torsion wird die Energiedifferenz bis zur Entartung der Zustände verkleinert und so der effiziente strahlungslose Übergang zwischen den elektronischen Zuständen ermöglicht.

Anders als bei der Streckschwingungskoordinate kann sich mit der Torsion die Konformation des Retinals ändern. In Abhängigkeit von dem Isomerisierungs-mechanismus und den rotierenden Bindungen gibt es eine Reihe von möglichen Produkten. In der Nähe von konischen Durchschneidungen, wenn die Energie-differenz zwischen angeregtem und Grundzustand sehr gering ist, oder wenn eine solche Durchschneidung tatsächlich erreicht ist, findet ein Wechsel bzw. ein Sprung (*Hop*) in den Grundzustand statt. Die Isomerisierung wird dann im Grundzustand entweder in die gleiche Richtung fortgesetzt, was in der Regel zu einem neuen Produkt führt, oder die Richtung kann umgekehrt und zum Ausgangsprodukt zurück führen.

Für die C11-C12 Bindung des Modells *5db-11c* bedeutet das im ersten Fall die Isomerisierung vom 11-*cis*- zum *trans*-Produkt, und wir bezeichnen diese Reaktion als „erfolgreich". Im zweiten Fall kehrt die Rotation um und die Reaktion ist, auf die Produktausbeute bezogen, erfolglos. Wir bezeichnen sie in der Tabelle 5.3 als „zurück". In der Spektroskopie wird diese „erfolglose" Isomerisierung als interne Umwandlung (*internal conversion*) bezeichnet.[277]

Die Abbildung 5.25 ist ein Beispiel für eine erfolgreiche Trajektorie. Die Energiedifferenz nimmt von Beginn an rapide ab (Abbildung 5.25 B) und oszilliert für 80-90 fs um einen Wert von 45 kcal·mol^{-1}. Im angeregten Zustand werden die Doppelbindungen gestreckt und die Einfachbindungen gestaucht, sodass die Bindungslängenalternanz des Grundzustands invertiert (Abbildung

5.2. Fünf-Doppelbindungsmodell des Retinals

5.25 D und E). Der Torsionswinkel C10-C11-C12-C13 ändert sich in den ersten 100 fs um weniger als 50° (Abbildung 5.25 C). Erst dann gewinnt die Rotation an Geschwindigkeit und erreicht nach insgesamt 129 fs, also zum Zeitpunkt des Sprungs, einen Wert von 80°. In derselben Zeit nimmt die Energiedifferenz zwischen dem angeregten und dem Grundzustand bis auf 0,4 kcal·mol^{-1} beim Übergang ab. Im Grundzustand wird die Rotation fortgesetzt, die schließlich zum *trans*-Produkt führt.

Ein Beispiel für eine unproduktive Trajektorie ist in der Abbildung 5.26 dargestellt. Hier nimmt der Energieabstand zwischen den S_1- und S_0-Potentialhyperflächen langsamer ab (wobei die anfängliche Anregungsenergie allerdings bereits um ca. 12 kcal·mol^{-1} geringer ist als bei der eben diskutierten Trajektorie). Auch hier erfolgt die Torsion um die C11-C12-Bindung im entgegengesetzten Drehsinn. Beginnend mit -3° erreicht der Diederwinkel C10-C11-C12-C13 zum Zeitpunkt des Sprungs, nach 109 fs und bei einer Energielücke von 1,4 kcal·mol^{-1}, einen Wert von -85°. Damit ist die Änderung des Torsionswinkels zu diesem Zeitpunkt größer als in der Trajektorie die zum *trans*-Produkt führt. Trotzdem kehrt das System im Grundzustand zum *cis*-Isomer zurück.

Da die Simulationen des Retinalmodells mit fünf Doppelbindungen sehr rechenintensiv sind, konnten die Trajektorien nur bis maximal 300 fs simuliert werden. In diesen Fällen konnte das Produkt nicht eindeutig zugeordnet werden, da Übergänge auch noch nach mehreren Pikosekunden stattfinden können. Zu dieser Schlussfolgerung gelangen jedenfalls Kandori *et al.*[278] mit Hilfe von Transienten-Absorptionsspektroskopie: sowohl in Lösung als auch in Protein fanden sie neben der ultraschnellen Komponente im fs-Bereich eine zweite langsamere im ps-Bereich. Je nach Umgebung variiert das Verhältnis zwischen den beiden Komponenten. Im Protein ist das Verhältnis zwischen schneller und langsamer Komponente etwa 70:30,[279] während in der Lösung[280] ein Verhältnis von 25:75 vorliegt.

Die Verteilung der Photoprodukte der verschiedenen Isomeren ist in der Tabelle 5.3 zusammengefasst. Es fällt auf, dass es für jedes Fünfdoppelbindungsmodell Trajektorien gibt, in der die C11-C12-Bindung isomerisiert. Diese Bindung ist also nicht nur in der 11-*cis*-Konfiguration reaktiv. In den Modellen *5db-11c* und *5db-at* ist es die bevorzugt isomerisierende Doppelbindung. Die beiden Modelle mit 9-*cis* bzw. 13-*cis* Konformation isomerisieren hauptsächlich um die *cis*-Bindung; daneben gibt es auch Trajektorien, in denen die C11-C12 Bindung isomerisiert, die in diesen Chromophoren eine *trans*-Konfiguration besitzt. In den drei *cis*-Isomeren ist die Isomerisierung um die C11-C12-Bindung in 50% der Fälle erfolgreich, lediglich für das Modell *5db-at* ist die Rückreaktion zum Ausgangsprodukt, also zum 11-*trans*-Isomer, deutlich bevorzugt.

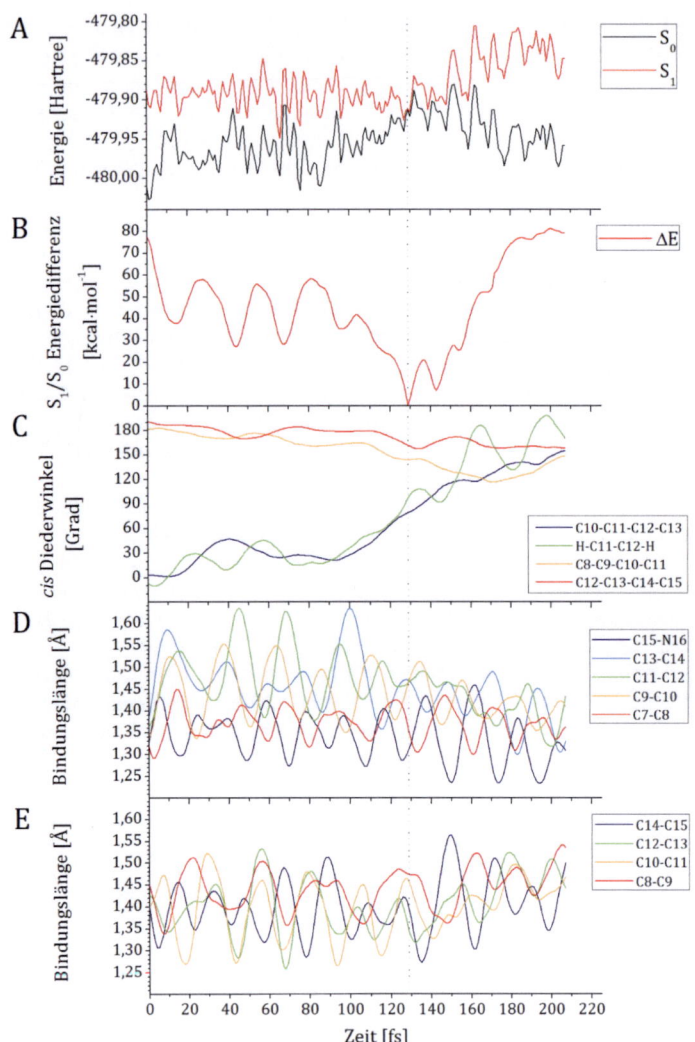

Abbildung 5.25 Beispiel für eine „erfolgreiche" Isomerisierung des Modells *5db-11c*. **A**: Die potentielle Energie des Grundzustands S_0 und des angeregten Zustands S_1, berechnet mit SA2-CASSCF(10,10)/6-31G*; **B**: Die S_1/S_0 Energiedifferenz; **C**: Diederwinkel der Doppelbindungen; **D**: Bindungslängen der Doppelbindungen; **E**: Bindungslängen der Einfachbindungen.

5.2. Fünf-Doppelbindungsmodell des Retinals

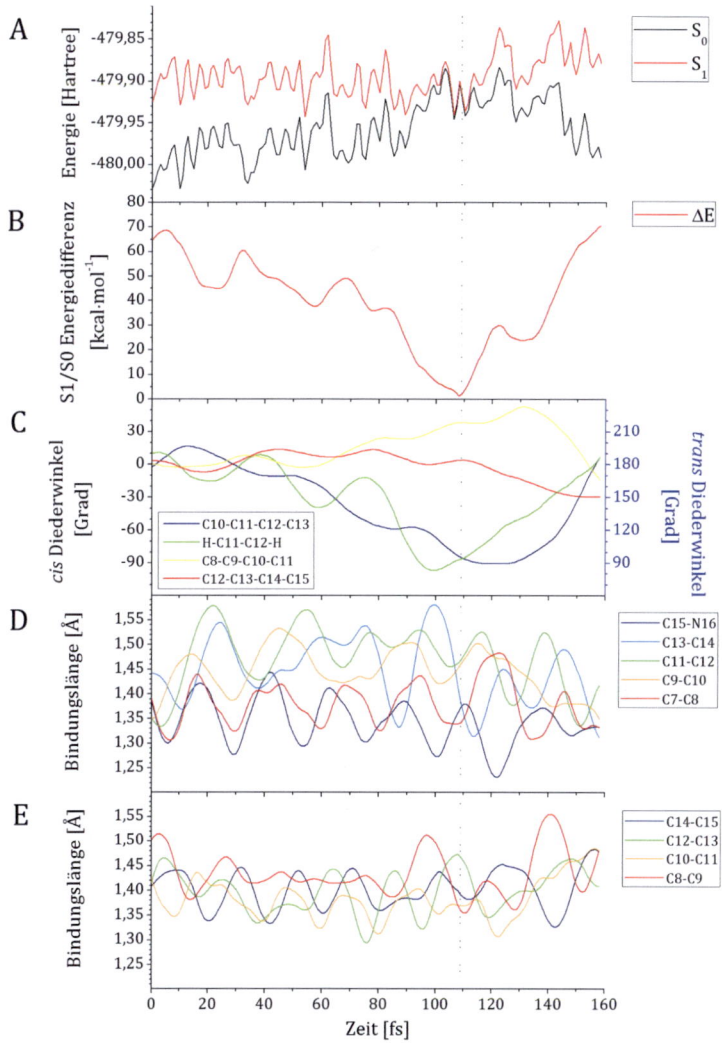

Abbildung 5.26 Beispiel für eine „unproduktive" Isomerisierung des Modells *5db-11c*. **A**: Die potentielle Energie des Grundzustands S_0 und des angeregten Zustands S_1, berechnet mit SA2-CASSCF(10,10)/6-31G*; **B**: Die S_1/S_0 Energiedifferenz; **C**: Diederwinkel der Doppelbindungen; **D**: Bindungslängen der Doppelbindungen; **E**: Bindungslängen der Einfachbindungen.

Aus der Abbildung 5.27 geht hervor, dass die Verdrillung der 11-*cis*- und der 11-*trans*-Bindung zum Zeitpunkt des Übergangs in den Grundzustand mit 60-90° nicht sehr unterschiedlich ist, vor allem unter Berücksichtigung der Tatsache, dass der Ausgangswinkel im 11-*cis*-Isomer 0° und im 11-*trans*-Isomer 180° beträgt. Ähnliches beobachtet man auch beim Diederwinkel des 13-*cis*-Isomers. Hier liegt der Diederwinkel zum Zeitpunkt des Hops zwischen 60 und 90°. Beim Fünfdoppelbindungsmodell des 9-*cis*-Retinals ist der Torsionswinkel niedriger. Häufig beobachtet man Übergänge bei Winkeln zwischen 30 und 60°. Dies erklärt auch die geringe Ausbeute des *trans*-Produkts in diesen Fällen: da die Rotation um die C9-C10-Bindung den Energieabstand bereits zwischen 30-60°soweit erniedrigt hat, dass strahlungslose Übergänge erfolgen, ist die Isomerisierung zum 9-*trans*-Isomer mit ihrer hohen Energiebarriere im Grundzustand nicht mehr möglich, und 40% der untersuchten Spezies kehren zurück zum Ausgangsisomer mit 9-*cis*-Konfiguration.

Neben der höheren Effektivität zeichnen sich die Trajektorien von *5db-11c* durch eine deutlich kürzere Lebenszeit im angeregten Zustand aus, d.h. die Systeme erreichen den Hop wesentlich schneller als die anderen Modelle. Der Durchschnittswert beträgt 120 fs, und alle Trajektorien kehren innerhalb von 300 fs in den Grundzustand zurück. Bei den anderen drei Modellen gibt es Beispiele, in denen die Reaktion in diesem Zeitraum nicht abgeschlossen ist. Da alle diese MD-Simulationen sehr rechenintensiv sind, wurden keine Trajektorien über 300 fs hinaus berechnet. In allen diesen Fällen ist ein Vergleich der Lebenszeit im angeregten Zustand mit der für *5db-11c* nicht möglich. Für *5db-9c* und *5db-13c* gibt es zwei solcher Trajektorien, und für *5db-at* sind es mit 14 Trajektorien 67% aller Simulationen. In der Abbildung 5.27 sieht man die Verteilung der Lebenszeiten im angeregten Zustand dargestellt. Das Modell *5db-13c* ist mit *5db-11c* durchaus vergleichbar, wenn man die Trajektorien die innerhalb von 300 fs nicht isomerisieren, vernachlässigt. Deutlich langsamer ist dagegen 5db-9c, bei dem die meisten Werte zwischen 150 und 180 fs liegen. In diesen drei Modellen ist die Verweilzeit der Trajektorien, bei denen die 11-*cis*-Bindung isomerisiert, im angeregten Zustand deutlich kürzer. Beim *5db-at* zeichnen sich die erfolgreich isomerisierenden Trajektorien durch kürzere und die erfoglosen, zurückkehrenden Trajektorien durch längere Reaktionszeiten aus.

Das Modell *5db-11c* reagiert deutlich schneller als die drei anderen Chromophormodelle. Die berechnete Lebenszeit des angeregten Zustand ist mit 120 fs zwar kürzer als der experimentell bestimmte Wert von Kukura in Rhodopsin,[29] 200 fs. Allerdings ist das hier untersuchte Modell kleiner, denn es fehlen sowohl der β-Ionon-Ring und die kovalente Bindung zum Lysin des Opsins wie auch die ganze Proteinumgebung überhaupt. Außerdem bezieht sich der experimentelle Wert auf die Bildung des ersten Photointermediats, Photo

5.2. Fünf-Doppelbindungsmodell des Retinals

Tabelle 5.3 Produktverteilung für Trajektorien der 5db-PSB Retinalmodelle.

		5db-11c	5db-9c	5db-13c	5db-at
Zahl der Trajektorien		24	15	20	21
C9=C10	erfolgreich		1 (7%)		
	zurück		6 (40%)		
C11=C12	erfolgreich	12 (50%)	3 (20%)	1 (5%)	2 (10%)
	zurück	12 (50%)	3 (20%)	1 (5%)	5 (24%)
C13=C14	erfolgreich			13 (65%)	
	zurück			3 (15%)	
>300 fs		0	2 (13%)	2 (10%)	14 (67%)

rhodopsin, während in der Simulation die Zeit bis zum nichtadiabatischen Übergang berechnet wird. Auch wenn also eine direkte Vergleichbarkeit nicht gegeben ist, stimmen die Größenordnung und die Relation zwischen den Lebenszeiten der verschiedenen Isomere mit den experimentellen Ergebnissen überein. Das 9-*cis*- (600fs in Isorhodopsin)[64] und das all-*trans*-Isomer (500 fs in Bacteriorhodopsin)[281, 282] reagieren deutlich langsamer, als das 11-*cis*-Isomer in Rhodopsin. Damit scheint sich anzudeuten, dass das umgebende Protein die Reaktion der verschiedenen Retinalisomeren zwar moderiert, deren unterschiedliche Eigenschaften aber in erster Linie auf die intrinsischen Eigenschaften des Chromophors zurückzuführen sind.

Auch beim Vergleich der berechneten mit den experimentellen Quantenausbeuten müssen die Einflüsse der Umgebung auf den Chromophor berücksichtigt werden. In der Literatur gibt es eine Reihe von Messungen im Protein[18, 29, 59, 283, 284] und in Lösung[280, 285, 286]. Zwar wurden die Anregungsenergien für verschiedene Retinal-Analoge im Vakuum von der Arbeitsgruppe Andersen aus Århus gemessen, allerdings gibt es keine experimentelle Bestimmung der Quantenausbeuten. Bei der Analyse der Simulationen im Vakuum wurde oben bereits festgestellt, dass die berechneten Reaktionszeiten den Werten im Protein ähnlicher sind als in der Lösung. Ziel der Simulationen war nicht der direkte Vergleich mit Messungen im Protein, sondern die Untersuchung, ob die Effektivität der Isomerisierung eine intrinsische Eigenschaft des Retinalchromophors ist oder durch die Proteinumgebung hervorgerufen wird. Wir stellen im Folgenden also zunächst einen Vergleich an zwischen den Isomeren im Vakuum und stellen diese anschließend den spektroskopischen Werten gegenüber. Im Abschnitt 5.3 folgen dann die Ergebnisse der Simulationen in der Proteinumgebung.

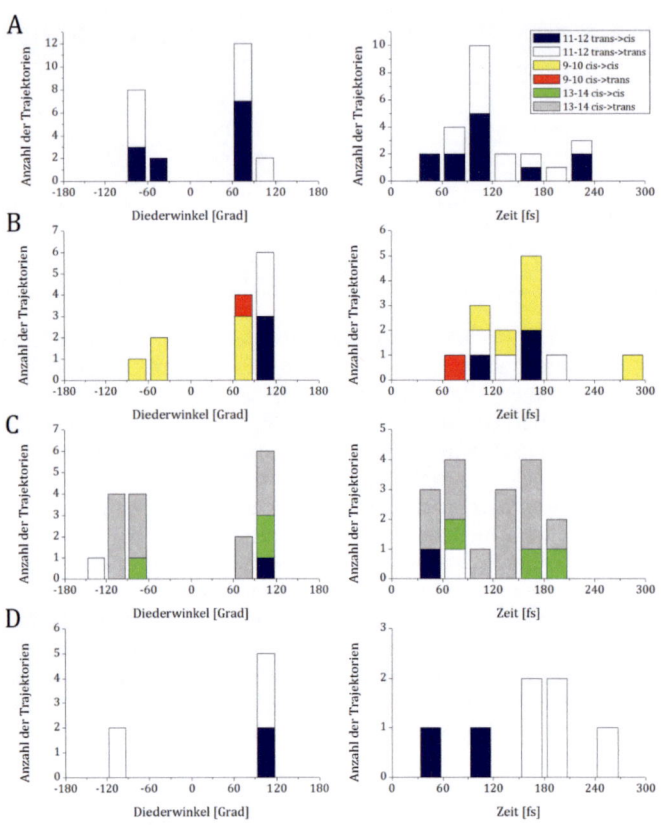

Abbildung 5.27 Verteilung der Diederwinkel zum Zeitpunkt des elektronischen Übergangs und die Lebenszeit im angeregten Zustand für verschiedene Isomere des 5db-PSB Modells. **A**: *5db-11c*, **B**: *5db-9c*, **C**: *5db-13c*, **D**: *5db-at*.

Die Quantenausbeute für *5db-11c* ist mit 0,5 etwas geringer als die gemessenen 0,65-0,67[61, 263, 264] für das 11-*cis*-Retinal im Rhodopsin. Für *5db-9c* liegt die Ausbeute mit 0,07 deutlich niedriger als für das 11-*cis*-Modell, ähnlich wie für Isorhodopsin, das eine Quantenausbeute zwischen 0,13[61], 0,22[64] und 0,26[62] aufweist und deutlich weniger effektiv als Rhodopsin ist. Beide Proteine stehen im Photogleichgewicht mit Bathorhodopsin, in dem der Chromophor eine

5.2. Fünf-Doppelbindungsmodell des Retinals 117

verdrillte all-*trans*-Retinal-Konformation einnimmt. Von Hurley *et al.*[61] wurde die Quantenausbeute für die Umwandlung von Bathorhodopsin zu Rhodopsin mit 0,33 berechnet und für Bathorhodopsin zu Isorhodopsin mit 0,07. Für das *5db-at* Modell ist die erste Quantenausbeute mit 0,10 in der gleichen Größenordnung wie für das *5db-9c* Modell. Wir haben keine Trajektorien gefunden, die von *5db-at* zu *5db-9c* isomerisieren. Die Quantenausbeute für diese Reaktion ist sehr gering, und wahrscheinlich müssten deutlich mehr Trajektorien berechnet werden, um ein solche Umwandlung statistisch zu erfassen.

Das Verhältnis zwischen den Ausbeuten der einzelnen Isomere ist qualitativ korrekt wiedergegeben. Daraus lässt sich folgern, dass es sich bei der ultraschnellen Photoreaktion des Rhodopsins um eine intrinsische Eigenschaft des Chromophors handelt. Von den möglichen Isomeren isomerisiert das 11-*cis*-Retinal bereits im Vakuum am effektivsten und am schnellsten. In allen untersuchten Modellen ist die Quantenausbeute jedoch deutlich geringer als im Protein. Von daher lässt sich vermuten, dass das Protein die intrinsische Eigenschaft des Retinalchromophors verstärkt und die Ausbeute erhöht.

In einer Untersuchung über den Einfluss der Vorverdrillung auf die Effizienz des Chromophors konnte bereits gezeigt werden, dass allein durch die initiale Torsion im Protein die Ausbeute des all-*trans*-Retinals gesteigert und die Lebenszeit im angeregten Zustand deutlich verkürzt wird.[287]

5.2.4 Einfluss der Methylgruppen

Eine besondere Rolle für die Selektivität und die hohe Effektivität der Photoreaktion des Rhodopsins wird der C13-Methylgruppe des Chromophors zugeschrieben.[258, 260-262] Diese Methylgruppe unterstützt und stabilisiert die Verdrillung der C11-C12-Bindung. Darüber hinaus wird vermutet, dass diese Methylgruppe mit der Proteinumgebung wechselwirkt und dadurch eine zusätzliche Verdrillung im Retinal hervorruft, was die Selektivität und die Effektivität der Photoisomerisierung erhöht.[18, 284, 288]

Im Modell *5db-11c_13dm* wurde die Methylgruppe am C13-Kohlenstoffatom entfernt. Aus der Tabelle 5.4 geht hervor, dass dadurch die Ausbeute des *trans*-Produktes im Vergleich zum 11-*cis*-Retinal Modell *5db-11c* erhöht ist. Der Peak in der Verteilung der Lebenszeit im angeregten Zustand (Abbildung 5.28 A) liegt wie für das Modell *5db_11c* zwischen 90 und 120 fs, im Durchschnitt ist die Lebenszeit etwas länger. Unter Berücksichtigung der Anzahl der Trajektorien sind die Unterschiede zwischen den Modellen vernachlässigbar klein. Der Einfluss der Methylgruppe an der Position 13 auf die Selektivität und die Effektivität der Isomerisierung im Vakuum ist demnach sehr gering.

Im Gegensatz dazu scheint die Substitution am Kohlenstoffatom C10 einen größeren Einfluss auf die Selektivität der Isomerisierung zu haben. In den

Modellen *5db-11c_10m13dm* und *5db-11c_10m* wurde die Methylgruppe am C10 eingeführt. Im Modell *5db-11c_10m13dm* wurde die Methylgruppe am C13 durch ein Wasserstoffatom substituiert und im *5db-11c_10m* beibehalten. Beide Modelle zeigen eine hohe Selektivität für den Rotationssinn der Isomerisierung. Die in Abbildung 5.28 B und C gezeigte Verteilung der Diederwinkel weist nur negative Werte auf. Die Ursache für diese unidirektionale Rotation liegt in der erhöhten Verdrillung der Modelle. Besonders hoch ist die Verdrillung in *5db-11c_10m*, hervorgerufen durch die sterische Wechselwirkung zwischen den Methylgruppen an den Atomen C10 und C13. Dies führt auch dazu, dass alle 19 Trajektorien von diesem Modell innerhalb von 60 fs isomerisieren (Abbildung 5.28 C). Die Verteilung der Verweilzeiten im angeregten Zustand ist nicht so breit wie in *5db_11c* und den anderen drei Isomeren (Abbildung 5.27). Auch das *5db-11c_10m13dm*-Modell isomerisiert im Durchschnitt schneller als das Referenzmodell *5db_11c*. In 120 fs ist in allen berechneten Trajektorien der Übergang in den Grundzustand abgeschlossen. Die erhöhte Verdrillung erhöht also die Reaktionsgeschwindigkeit in den beiden Modellen und führt zur Selektion der Isomerisierung in einer Richtung.

Die Methylgruppe am Kohlenstoffatom C9 wurde im Modell *5db-11c_9dm* durch ein Wasserstoffatom ersetzt. Die Ausbeute des *trans*-Produktes ist mit 79% die höchste von allen untersuchten Modellen. Von den beiden nächsten Methylgruppen um die C11-C12 Bindung hat die Gruppe an C9 anscheinend den größten Einfluss auf die Selektivität, obwohl diese in β- und C13 in α-Position steht. Allerdings lässt die vergleichsweise geringe Anzahl der Trajektorien keine eindeutige Schlussfolgerung zu. In der Reaktionszeit gibt es kaum Unterschiede zwischen *5db-11c_13dm* und *5db_11c_9dm*. Beide Modelle haben ein breites Spektrum von Verweildauern im angeregten Zustand, die zwischen 60 und 240 fs liegen. Alle Trajektorien isomerisieren innerhalb von 300 fs.

Tabelle 5.4 Produktverteilung für Trajektorien der methylsubstituierten 5db-PSB Retinalmodelle. Die Quantenausbeute ist in Klammern angegeben und bezieht sich auf die Anzahl der Trajektorien für ein Modell. Die Anzahl der Trajektorien, die nicht innerhalb von 300 fs isomerisieren, ist angegeben.

Modell	Zahl d. Trajek.	C11-C12 cis→trans	C11-C12 cis→cis	>300 fs	Rotationssinn +	Rotationssinn -	Ø Zeit [fs]
5db-11c_13dm	19	13 (68%)	6 (32%)	0	6	13	
5db-11c_10m13dm	16	9 (56%)	7 (44%)	0	16	0	
5db-11c_10m	19	13 (68%)	6 (32%)	0	19	0	
5db-11c_9dm	14	11 (79%)	3 (21%)	0	6	8	
5db-11c_9dm13dm	18	14 (78%)	0	4	8	6	
5db-11c_9et	16	8 (50%)	7 (44%)	1	8	7	

5.2. Fünf-Doppelbindungsmodell des Retinals

Werden beide Methylgruppen (C13 und C9) durch Wasserstoffatome ersetzt, erreicht etwa ein Fünftel der Trajektorien den Grundzustand innerhalb der Simulationszeit von 300 fs nicht. Ansonsten unterscheidet sich die Verteilung der Reaktionszeit für das Modell *5db-11c_9dm13dm* nicht von den beiden einfach substituierten Modellen. Eine Besonderheit des Modells *5db-11c_9dm13dm* ist, dass alle Trajektorien erfolgreich zum *trans*-Produkt isomerisieren. Im Vakuum scheinen die Methylgruppen also einen hindernden Effekt auf die Selektivität zu haben. Für eine erhöhte Ausbeute ist bei dem hier untersuchten Modell, das aus der Polyenkette des Retinals und der protonierten Schiff-Base besteht, das Weglassen beider Methylgruppen förderlich.

In den bisher beschriebenen Modellen wurden Methylgruppen entfernt oder hinzugefügt. Eine andere Möglichkeit besteht darin, einen größeren Substituenten, z. B. eine Ethylgruppe, einzuführen. Aus sterischen Gründen ist für das 11-*cis*-Isomer nur eine Substitution am C9-Atom und nicht am C13 möglich. Für das Modell *5db-11c_9et*, in dem diese Substitution verwirklicht ist, wurden 16 Trajektorien berechnet. Die Ethyl-Gruppe erhöht die Masse am C9, und man könnte erwarten, dass damit die Rotation der isomerisierenden Doppelbindung erschwert wird. Tatsächlich weist dieses Modell etwa gleich viele Trajektorien auf, die zum 11-*cis*- bzw. 11-*trans*-Produkt führen. Bei den Diederwinkeln zum Zeitpunkt des Hops lässt sich ein Trend beobachten, nach dem vergleichsweise kleine Torsionswinkel (60°-90°) zum *cis*-Isomer führen und größere (90°-120°) zum *trans*.

Die Verteilung der Reaktionszeiten ist ähnlich breit wie in einfach substituierten Modellchromophoren und weist einen Peak zwischen 120 und 150 fs auf. Eine Trajektorie verweilt länger als 300 fs im angeregten Zustand. Insgesamt ist die mittlere Lebenszeit des *5db-11c_9et*-Modells im angeregten Zustand länger, mit der Folge, dass die Selektivität der Reaktion sinkt.

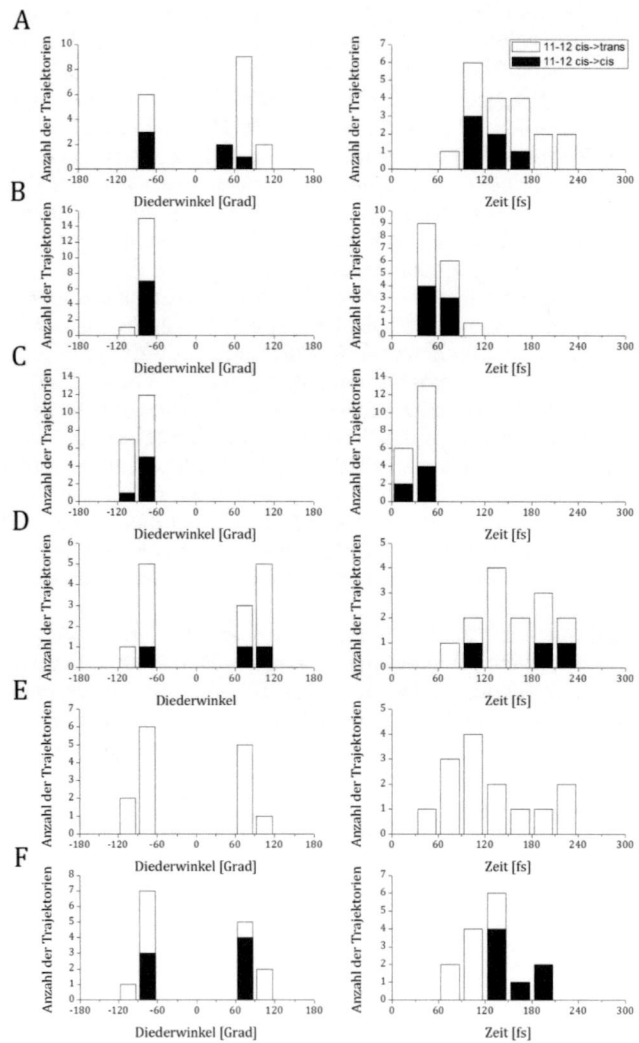

Abbildung 5.28 Verteilung der Diederwinkel zum Zeitpunkt des elektronischen Übergangs und die Lebenszeit im angeregten Zustand für verschiedene methylsubstituierte 5db-PSB Modelle: **A**: *5db-11c_13dm*, **B**: *5db-11c_10m13dm*, **C**: *5db-11c_10m*, **D**: *5db-11c_9dm*, **E**: *5db-11c_9dm13dm*, **F**: *5db-11c_9et*.

5.2. Fünf-Doppelbindungsmodell des Retinals

5.2.5 Einfluss einer 11-*cis*-Verbrückung

In einer weiteren intensiv untersuchten Gruppe von Retinal-Derivaten wurde die C13-Methylgruppe über eine unterschiedlich lange Kohlenstoffbrücke mit dem C10-Kohlenstoffatom verbrückt.[272-274, 276, 289-295] Durch den Ring ist die *cis*-C11-C12-Bindung fixiert, was je nach Größe des Rings einen unterschiedlichen Effekt auf die Isomerisierung hat. Mit Hilfe von solchen 11-*cis* verbrückten Retinalderivaten konnte die Beteiligung der Torsionskoordinate an der Photoisomerisierung unmittelbar experimentell nachgewiesen werden.[272-274] So wird durch den Einbau in einen 5-Ring die Photoisomerisierung und damit auch der strahlungslose Übergang in den Grundzustand vollständig unterbunden. Es wurde eine Fluoreszenzzeit gemessen, die 400 mal länger war als die Isomerisierung des 11-*cis*-Retinals in Rhodopsin.[273]

Die drei hier untersuchten Modelle besitzen als Folge der unterschiedlichen Ringgröße sehr unterschiedliche Eigenschaften. Das kleinste Modell ist 5db-11c_5r und besitzt eine Kohlenstoffbrücke aus nur einer CH2-Einheit. Keine der 20 Trajektorien dieses Modells kehrt innerhalb der Simulationszeit von 300 fs in den Grundzustand zurück. Kandori et al. haben für das entsprechende Retinal durch Absorptions- und Fluoreszenzmessungen einen angeregten Zustand bestimmt, dessen Fluoreszenzkinetik durch einfach exponentielles Abklingen mit einer Rate von 85 ps charakterisiert ist.[273] Diese Verbrückung, die zu einem fünfgliedrigen Ring führt, hat also im Vakuum den gleichen Effekt wie im Protein und verhindert eine schnelle Photoisomerisierung. Die Simulationen deuten darauf hin, dass die Änderung im Mechanismus der Photoreaktion, vom strahlungslosen Übergang zur spontanen Emission, eine intrinsische Eigenschaft des verbrückten Retinals ist. Anders als von Kandori et al.[273] vermutet, zeigen die Moleküldynamiksimulationen, dass dies nicht durch eine spezifische Wechselwirkung mit dem Opsin bedingt ist.

Durch den kleinen Ring ist die Rotation um die C11-C12 Bindung stark eingeschränkt. Obwohl benachbarte Doppelbindungen, C9-C10 oder C13-C14, ebenfalls isomerisieren könnten, findet in der Simulationszeit kein Übergang durch eine Bindungsrotation statt. Im Gegensatz dazu beobachtet man solche Isomerisierungen in dem Modell 5db_11c-7r (Abbildung 5.29). Von den drei Doppelbindungen C9-C10, C11-C12 und C13-C14 isomerisiert die erstgenannte am häufigsten. Das erfolgreiche 9-*cis*-Produkt und das 9-*trans*-Ausgangsprodukt werden in etwa gleichem Maße gebildet. Jeweils eine Trajektorie isomerisiert um die C11-C12- bzw. um die C13-C14-Bindung zurück zum Edukt. Experimentell wurden alle in der Simulation gefundenen Isomere im Protein nachgewiesen.[291, 293]

Das 7-Ring-Retinal ist nicht selektiv im Hinblick auf die Doppelbindung, die isomerisiert. Es ist aber selektiv im Hinblick auf den Rotationssinn, mit dem die

Isomerisierung erfolgt. Die Isomerisierungen der verschiedenen Doppelbindungen sind für sich unidirektional. Durch den siebengliedrigen Ring ist die Verdrillung der C11-C12-Bindung vorgegeben, und auch die Bindungen C9-C10 und C13-C14 sind in eine bestimmte Richtung, nämlich entgegengesetzt zu C11-C12, vorverdrillt. Deshalb sind alle Diederwinkel der isomerisierenden Doppelbindung zum Zeitpunkt des Übergangs zum Grundzustand in eine Richtung verdrillt. Die Abbildung 5.29 zeigt, dass die C9-C10- und C13-C14-Bindungen einen positiven Verdrillungswinkel zwischen 60 und 120° haben, während die C11-C12-Bindung negativ verdrillt ist.

Tabelle 5.5 Produktverteilung für Trajektorien der verbrückten 5db-Retinalmodelle.

		5db-11c_5r	5db-11c_7r	5db-11c_8r
Zahl der Trajektorien		20	27	30
C9=C10	erfolgreich		7 (26%)	
	zurück		8 (30%)	
C11=C12	erfolgreich			18 (60%)
	zurück		1 (4%)	12 (40%)
C13=C14	erfolgreich			
	zurück		1 (4%)	
>300 fs		20	10 (37%)	0

Unidirektionale Rotoren sind für Anwendungen als molekulare Schalter gefragt, da durch mehrere Anregungen die Isomerisierungen wiederholt werden können und so eine selektive Rotation erreicht und fortgesetzt werden kann. Allerdings ist die Auswahl der isomerisierenden Doppelbindung nicht spezifisch. In Übereinstimmung mit experimentellen Bestimmungen der Isomere können nach mehrfachen Anregungen unterschiedliche Doppelbindungen isomerisieren.[291]

Eine Kombination aus Selektivität der isomerisierenden Doppelbindung und dem Rotationssinn findet man in dem Retinalmodell mit einem 8-gliedrigen Ring (*5db-11c_8r*). In allen berechneten Trajektorien beobachtet man, als Folge der Vergrößerung des Ringes um eine Methylengruppe, ausschließlich eine Isomerisierung der Bindung C11-C12. Die Ausbeute des *trans*-Produktes beträgt 60% und ist damit vergleichbar mit den nicht-verbrückten Modellen des Retinals (Tabelle 5.5). Die Rotation findet außerdem nur in der Richtung statt, die durch die Vorverdrillung im achtgliedrigen Ring diktiert wird (Abbildung 5.29 B).

Die Verdrillung als Folge der Verbrückung führt außerdem zu einer erheblichen Beschleunigung der Photoreaktion. Innerhalb von 90 fs sind alle Trajektorien isomerisiert, wobei der Peak in der Verteilung der Lebenszeit im angeregten Zustand zwischen 30 und 60 fs liegt. Damit isomerisiert das Modell *5db-11c_8r* am schnellsten von allen verbrückten Retinalmodellen. Neben dem

5.2. Fünf-Doppelbindungsmodell des Retinals

5db-11c_10m-Modell, das durch die Wechselwirkung zweier Methylgruppen ebenfalls um die C11-C12-Bindung vorverdrillt ist, handelt es sich bei dem größten *cis*-verbrückten Modell um den schnellsten Chromophor. Die Photoisomerisierung im *5db-11c_7r*-Modell läuft dagegen deutlich langsamer ab. Die Übergänge in den Grundzustand liegen zwischen 150 und 300 fs, mit der Spitze zwischen 270 und 300 fs. Außerdem kommt es in 37% der Trajektorien nicht zur Relaxation in den Grundzustand innerhalb der 300 fs Simulationszeit.

Im Fall des siebengliedrigen Rings wurde experimentell eine deutlich reduzierte Quantenausbeute bestimmt, etwa ein Fünftel der Ausbeute des Rhodopsins.[273] Auch in den Simulationen ist die Ausbeute mit nur einer zu 11-*trans* führenden Trajektorie sehr gering (0,07). Mit zeitaufgelöster Fluoreszenz-Spektroskopie wurde die Photosisomerisierung des Retinals mit einem Achtring zu 60 fs bestimmt[296] bei einer Quantenausbeute in der gleichen Größenordnung wie im Rhodopsin.[274] Die beinahe quantitative Übereinstimmung der MD Simulationen mit experimentellen Befunden zeigt, dass die Selektivität und die Reaktivität des Retinals auch mit einer verbrückten C11-C12-Bindung eine intrinsische Eigenschaft des Chromophors ist und nicht vom Protein stammt. Die Proteinumgebung hat also primär die Funktion, das Retinal aufzunehmen, seine Photoreaktivität zu bewahren und zu nutzen.

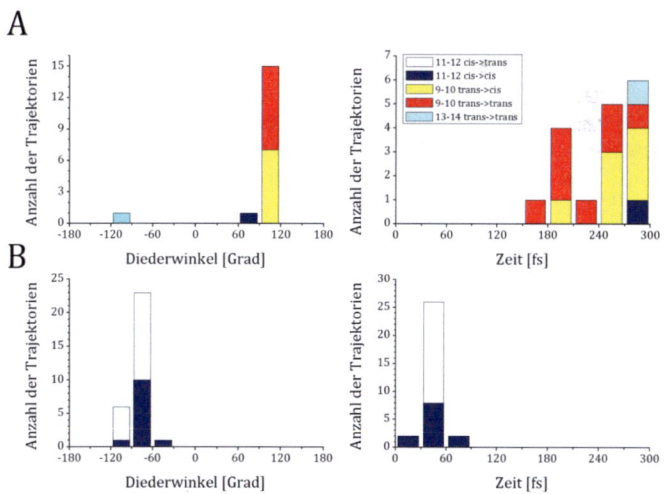

Abbildung 5.29 Verteilung der Diederwinkel zum Zeitpunkt des elektronischen Übergangs und die Lebenszeit im angeregten Zustand für verschiedene verbrückte 5db-PSB Modelle: **A**: *5db-11c_7r*, **B**: *5db-11c_8r*.

5.3 Retinal in der Proteinumgebung

In diesem Abschnitt wird der Einfluss des Proteins auf die Photoisomerisierung des Retinals mit Hilfe eines QM/MM Verfahren, welches ausführlich im Abschnitt 2.5 beschrieben wurde, untersucht. In der vorliegenden Arbeit wurde die QM/MM-Implementierung aus der Entwicklerversion des Programmpaketes MOLCAS verwendet. Das dafür entwickelte Modul ESPF[227] (*ElectroStatic Potential Fitted method*) erlaubt die sogenannte elektrostatische Einbettung, in der Punktladungen in den Einelektron-Operator des elektronischen Hamilton-Operators aufgenommen werden (siehe Gleichung 2.91).

Zur Einteilung des QM- und MM-Bereichs wurde die C_δ–C_e-Bindung des Lysins 296 getrennt und durch ein Wasserstoff-Linkatom abgesättigt. Zur Berechnung des QM-Teilsystems wurde CASSCF mit dem 6-31G* Basissatz verwendet. Der aktive Raum beinhaltet das komplette π-Elektronensystem des Retinalchromophors, bestehend aus 12 Elektronen und 12 Orbitalen. Das MM-Teilsystem wurde mit dem AMBER-Kraftfeld[83] berechnet.

Das Proteinmodell basiert auf der Röntgenkristallstruktur von Okada mit 2,2 Å Auflösung (PDB: 1U19)[39]. Da im Gegensatz zu den Standard-Seitenketten der Aminosäuren für das Retinal keine etablierten Parameter zur Strukturverfeinerung vorliegen, wurde dessen Geometrie mit dem QM/MM-Verfahren, wie oben beschrieben, nachoptimiert. Dabei wurde die Proteinstruktur wie in den Moleküldynamiksimulationen nicht verändert. Da die Photoisomerisierung in 200 fs abläuft,[29] wird angenommen, dass in dieser kurzen Zeit das Protein die Konformation nicht ändert. Diese Annahme lässt sich mit experimentellen Befunden rechtfertigen. Es konnte gezeigt werden, dass die Quantenausbeute der Photoreaktion unabhängig von der Temperatur ist[61] und selbst bei 5 K stattfindet[297].

Bei intensiver Belichtung von Rhodopsin lässt sich neben den Intermediaten des regulären Photocyclus ein weiteres Produkt nachweisen, das 9-*cis*- oder Isorhodopsin.[60, 298, 299] Bemerkenswerterweise führt die Photoisomerisierung des Isorhodopsins zum gleichen Bathorhodopsin-Intermediat wie im Fall des Rhodopsins.[275] In späteren Arbeiten konnte durch Tieftemperatur[275]- (77 K) und Raumtemperatur-Spektroskopie[300] gezeigt werden, dass sich Rhodopsin, Isorhodopsin und Bathorhodopsin in einem photostationären Gleichgewicht befinden.

Während die Photoisomerisierung von Rhodopsin und Isorhodopsin bereits Gegenstand zahlreicher Experimente war,[51, 60-65] fehlt vergleichbare Information für Bathorhodopsin. Mit Hilfe von QM/MM Moleküldynamiksimulationen wurden das Photogleichgewicht und der mögliche Reaktionsmechanismus der gegenseitigen Umwandlung im angeregten Zustand untersucht.

5.3. Retinal in der Proteinumgebung

5.3.1 Rhodopsin

Bereits nach wenigen fs im angeregten Zustand nimmt die Energiedifferenz zwischen der S_0- und S_1-Energiehyperfläche um mehr als 50 kcal·mol^{-1} ab (Abbildung 5.30 B). Diese deutliche Abnahme ist in erster Linie auf die Destabilisierung des Grundzustandes zurückzuführen, dessen Energie in den ersten 15 fs um mehr als 45 kcal·mol^{-1} zunimmt (Abbildung 5.30 A). Die Ursache für die Zunahme ist die Umkehrung der Bindungslängenalternanz im angeregten Zustand, die im selben Zeitabschnitt stattfindet. Dabei werden die Doppelbindungen bzw. die Einfachbindungen um etwa 0,15 Å gestreckt bzw. gestaucht (Abbildung 5.30 D und E). Die Änderung des H-C11-C12-H-Diederwinkels setzt unmittelbar nach der Anregung ein: Wegen ihrer geringeren Masse können Wasserstoffatome viel schneller auf die Änderung der Elektronenstruktur reagieren als die schwereren Kohlenstoffatome. Nach der Streckung der Doppelbindungen beginnt die Torsion des C10-C11-C12-C13 Diederwinkels (Abbildung 5.30 C). Zu diesem Zeitpunkt durchläuft die C11-C12-Bindungslänge ein Maximum und wird mit 1,54 Å vorübergehend die längste Bindung des Systems. Dadurch wird die Rotation um diese Bindung ermöglicht und möglicherweise gegenüber den anderen Bindungen bevorzugt. Allerdings setzt auch die Rotation um die beiden benachbarten Diederwinkel C8-C9-C10-C11 und C12-C13-C14-C15 ein.

Nach 40 fs der Simulation ist die Rotation um die C11-C12-Bindung deutlich weiter fortgeschritten als die der beiden flankierenden Bindungen. Mit der zunehmenden Rotation nimmt die Energiedifferenz zwischen den beiden elektronischen Zuständen weiter ab, was nach 93 fs einen nichtadiabatischen Übergang in den Grundzustand ermöglicht. Die Diederwinkel C10-C11-C12-C13 und H-C11-C12-H betragen zu diesem Zeitpunkt -82° und -94°. In der Region der konischen Durchschneidung, in der die S_0- und S_1-Potentiale annähernd entartet sind, verweilt das Molekül für ca. 15 fs. Offensichtlich ist die Geschwindigkeit nicht groß genug, um diese Region schnell zu verlassen. 25 fs nach dem Übergang haben sich die Atomkerne an die geänderte Elektronenstruktur angepasst, und die Rotation um C11-C12 setzt sich fort, bis schließlich die *trans*-Konfiguration erreicht ist. Die Energiedifferenz nimmt dabei in dem Maße zu, wie sich das Molekül auf die Elektronenstruktur des S_0 Zustands einzustellen beginnt. Nach insgesamt 140 fs ist die Photoisomerisierung abgeschlossen und die Bindungslängenalternanz im Grundzustand wiederhergestellt.

In der Abbildung 5.31 sind einzelne Momentaufnahmen der Trajektorie zusammengefasst. Aus dieser Abbildung wird deutlich, dass das Retinal während der *cis/trans*-Isomerisierung die Gesamtkonformation minimal ändert. Die Isomerisierung ist räumlich auf einige Atome beschränkt. Beim Vergleich der Startgeometrie mit der Geometrie am Ende der Trajektorie in Abbildung 5.32

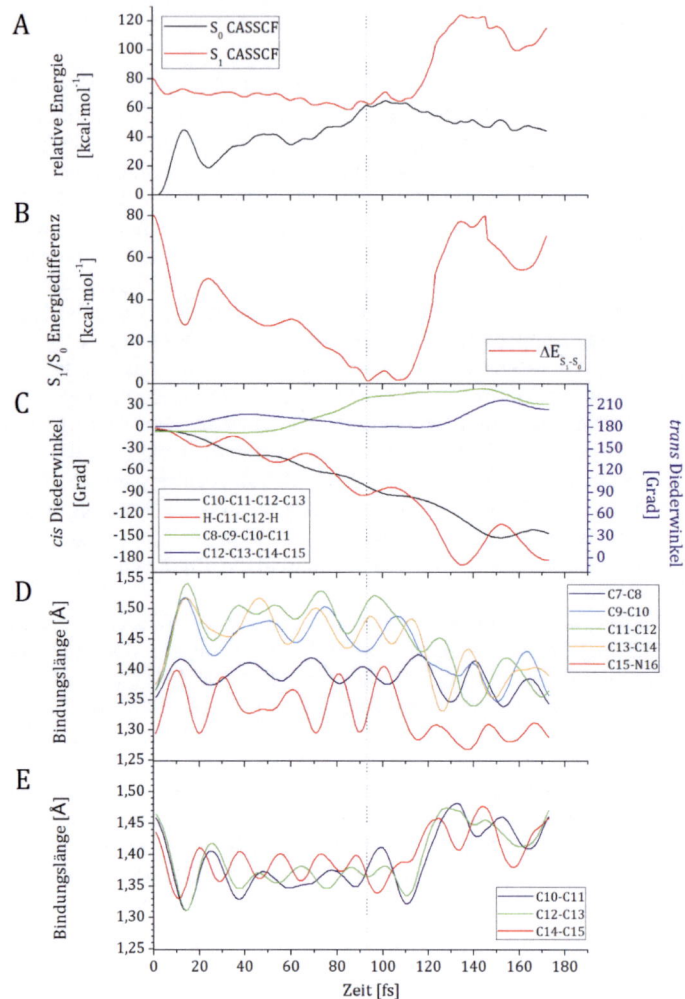

Abbildung 5.30 Rhodopsin QM/MM MD-Trajektorie. **A**: Potentielle Energie des Grundzustands S_0 und des angeregten Zustands S_1, berechnet mit SA2-CASSCF(12,12)/6-31G*; **B**: S_1/S_0 Energiedifferenz; **C**: Diederwinkel ausgewählter Doppelbindungen; **D**: Bindungslängen der Doppelbindungen; **E**: Bindungslängen der Einfachbindungen.

5.3. Retinal in der Proteinumgebung

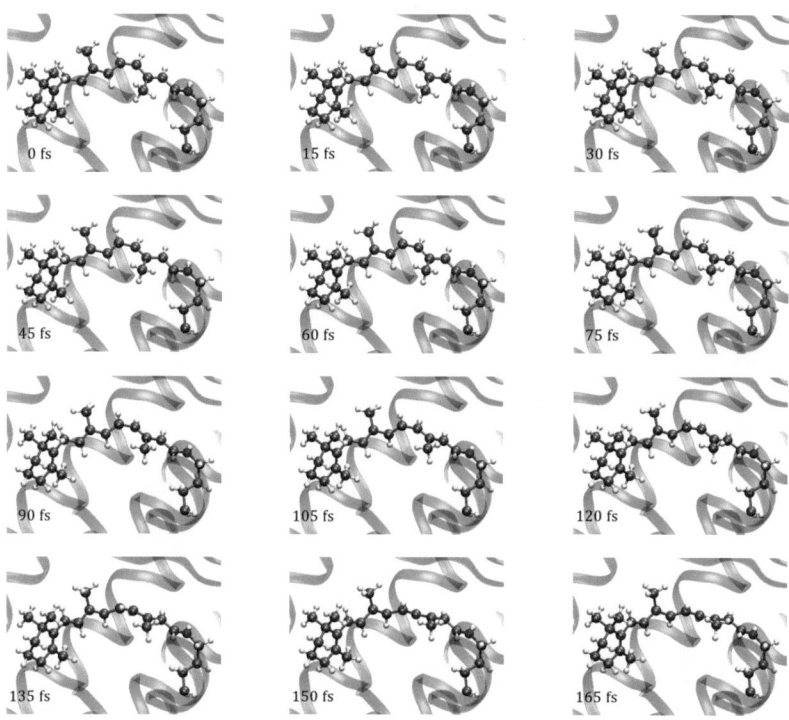

Abbildung 5.31 Momentaufnahmen aus der Rhodopsin QM/MM Trajektorie im 15 fs Zeitintervall.

wird diese Änderung ersichtlich, die sich von C7-Kohlenstoffatom bis zum Stickstoffatom reicht. Neben der isomerisierenden C11-C12-Bindung ist die C9-C10-Bindung am stärksten verdrillt (Abbildung 5.30 C). Im Verlauf der Reaktion erreicht diese Bindung, die bereits im angeregten Zustand rotiert, bis zu 50°-Verdrillung. Hinzu kommt, dass die Bindung C13-C14 nach dem nichtadiabatischen Übergang eine Verdrillung von ca. 40° im Grundzustand erfährt. Beide Doppelbindungen haben je eine Methylgruppe gemeinsam, die sich durch die Torsion entgegenkommen. Die Tatsache, dass die Rotation der beiden zu C11-C12 benachbarten Doppelbindungen zeitversetzt stattfindet, ist Teil des raumsparenden Mechanismus und ermöglicht eine ultraschnelle Isomerisierung in der raumbegrenzenden Proteintasche. Zunächst wird eine größere Verlagerung der Methylgruppe am C9-Kohlenstoffatom vermieden indem die

Isomerisierung der C11-C12-Bindung im angeregten Zustand von der Rotation um die Doppelbindung C9-C10 begleitet wird. Die C11-C12-Bindung wird so

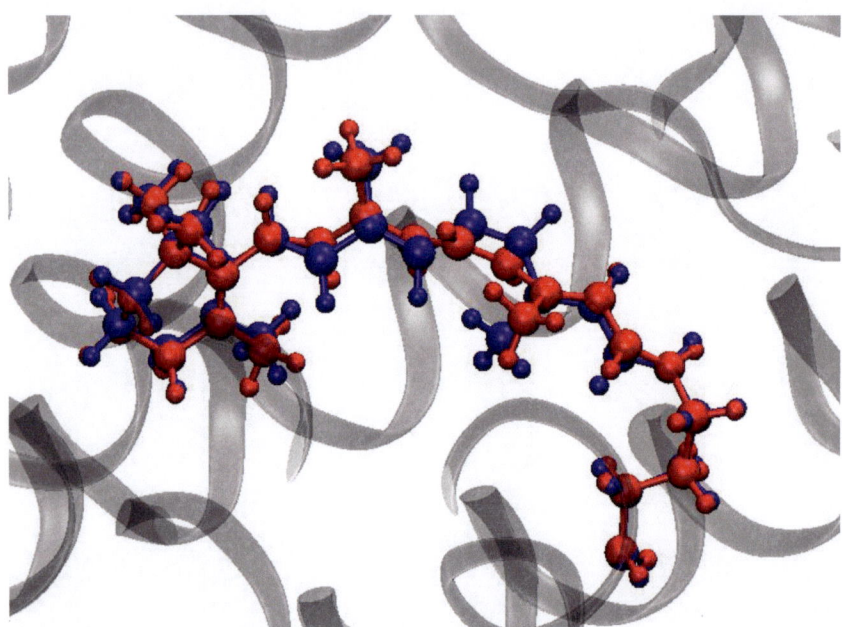

Abbildung 5.32 Überlagerung der Retinal-Geometrie am Anfang und am Ende der Rhodopsin QM/MM Trajektorie.

in 130 fs bis zu -110° verdrillt. Im Grundzustand setzt dann die Rotation um die C13-C14-Bindung ein, während die Bindungsalternanz sich auf die Veränderung des elektronischen Zustands einstellt. Damit wird die Rotation zum *trans*-Produkt im Grundzustand vollendet, ohne zusätzlich Raum zu beanspruchen.

Dieser Isomerisierungsmechanismus stimmt größtenteils mit dem verfeinerten Bicycle-Pedal-Mechanismus überein.[51] Auf der Grundlage von semi-empirischen Berechnungen postulierte Warshel diesen Mechanismus, in dem die 40° Verdrillung der C9-C10 und C15-N Bindungen eine Schlüsselrolle bei der Isomerisierung der C11-C12 Bindung im Protein einnimmt. Die Proteinbindungstasche verhindert eine vollständige Isomerisierung einer zweiten Bindung und deshalb wird die Rotation um C9-C10 bzw. C15-N abgebrochen. Diese charakteristischen Änderungen in der Geometrie des Retinals

5.3. Retinal in der Proteinumgebung

sind ebenfalls in den jüngsten *ab initio* QM/MM-Moleküldynamik-Untersuchungen beobachtet worden.[301, 302] Frutos *et al.*[301] haben die Reaktion ausschließlich im angeregten Zustand untersucht. Die Relaxation im Grundzustand und die Produktbildung konnte nicht untersucht werden, da kein Surface-Hopping Algorithmus verwendet wurde. Wie oben beschrieben findet die begleitende Rotation der benachbarten Doppelbindung nach dem strahlungslosen Übergang von S_1- zum S_0-Potential statt. In einer umfangreichen Untersuchung von Hayashi *et al.*[302] wurden 13 QM/MM-Trajektorien mit mehreren Einschränkungen berechnet. Das Retinalmodell wurde auf die Polyenkette reduziert, deshalb mussten drei zusätzliche Link-Atome eingeführt werden. In dem verwendeten Kopplungsmodell wurde die Wechselwirkung zwischen dem QM- und dem MM-Bereich auf dem MM-Niveau behandelt. Außerdem basiert das Surface-Hopping-Algorithmus, das für die Simulationen verwendet wurde, allein auf der Energiedifferenz der beiden Potentialflächen.

5.3.2 Bathorhodopsin

Die Ausgangssituation der QM/MM-Trajektorie des Bathorhodopsins ist mit der des Rhodopsins vergleichbar. Die S_1-Energie liegt zunächst ca. 80 kcal·mol^{-1} über der S_0-Energie. Nach der Anregung ist aus den gleichen Gründen wie beim Rhodopsin eine drastische Destabilisierung des Grundzustands zu beobachten (Abbildung 5.33 A). Nach nur etwa 15 fs mündet die S_1/S_0-Energiedifferenz in ein relativ flaches Plateau von etwa 18 kcal·mol^{-1} ein, das erst 35 fs später von einer Delle unterbrochen wird, deren tiefste Stelle eine Energiedifferenz von 2,9 kcal·mol^{-1} aufweist. Geometrisch ist die Delle durch eine besondere Konformation der langsam rotierenden C11-C12-Bindung gekennzeichnet: Beide Diederwinkel, C10-C11-C12-C13 wie auch H-C11-C12-H, zeigen mit etwa 85° eine fast orthogonale Anordnung der C-C- und der C-H-Anteile der formalen Doppelbindung an. In dieser Geometrie, in der die S_1-und S_0-Energieflächen fast entartet sind, erfolgt der Übergang in den Grundzustand, durch den ein steiler Anstieg der Energiedifferenz zwischen Grund- und angeregtem Zustand ausgelöst wird. Die Verweildauer des Retinals im angeregten Zustand ist mit 48 fs deutlich kürzer als in Rhodopsin. Nach insgesamt 80 fs zeigen die beiden genannten Diederwinkel mit Werten um 0°, dass die C11-C12-Bindung aus der *trans*- in die *cis*-Konfiguration überführt wurde. Die beiden dazu benachbarten Doppelbindungen C9-C10- und C13-C14 rotieren in dieser Simulation um einen ähnlichen Betrag wie im Rhodopsin. Allerdings sind diese Bindungen im Bathorhodopsin zunächst verdrillt und planarisieren im Verlauf der Trajektorie. Im Rhodopsin erfolgt die Verdrillung umgekehrt, die beiden Diederwinkel sind am Anfang der Trajektorie planar und unterstützen durch die Verdrillung die Isomerisierung der C11-C12-Bindung.

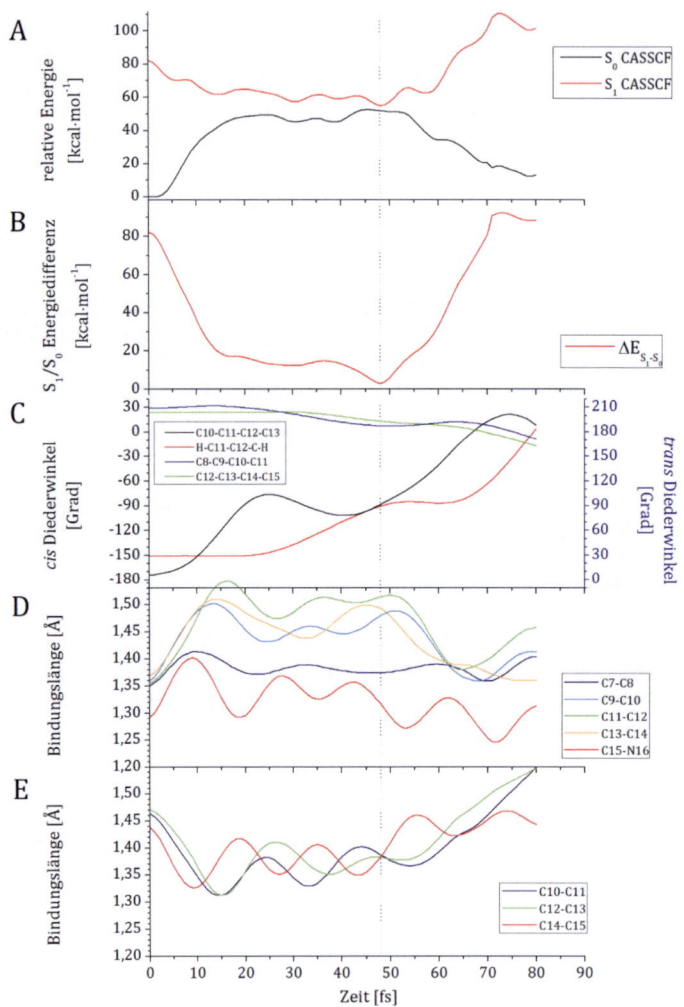

Abbildung 5.33 Bathorhodopsin QM/MM MD-Trajektorie. **A**: Potentielle Energie des Grundzustands S_0 und des angeregten Zustands S_1, berechnet mit SA2-CASSCF(12,12)/6-31G*; **B**: S_1/S_0 Energiedifferenz; **C**: Diederwinkel ausgewählter Doppelbindungen; **D**: Bindungslängen der Doppelbindungen; **E**: Bindungslängen der Einfachbindungen.

5.3. Retinal in der Proteinumgebung

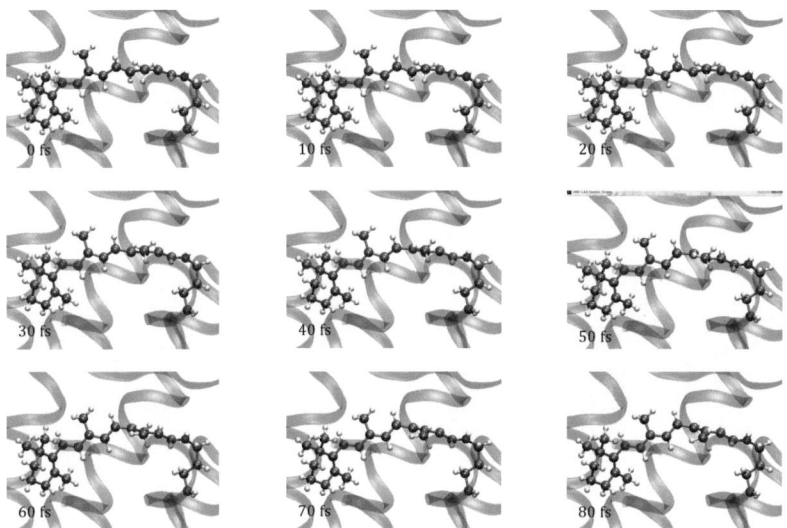

Abbildung 5.34 Momentaufnahmen aus der Bathorhodopsin QM/MM Trajektorie im 10 fs Zeitintervall.

Wenn man die Entwicklung der drei konjugierten Doppelbindungen C9-C10, C11-C12 und C13-C14, die den Mechanismus charakterisieren, entlang der Bathorhodopsin-Trajektorie auswertet, ähnelt dieser dem umgekehrten Mechanismus im Rhodopsin. Im Vergleich zwischen Bathorhodopsin und Rhodopsin findet die Torsion um diese Bindungen im entgegengesetzten Rototationssinn statt. Aus der hochverdrillten Geometrie des all-*trans*-Retinals im Bathorhodopsin wird 11-*cis*-Retinal erhalten.

Besonderes Interesse gilt der C9-C10-Bindung, deren Isomerisierung die Voraussetzung für die Bildung des Isorhodopsins wäre. Dieses Ergebnis deckt sich mit den experimentell ermittelten Quantenausbeuten von Suzuki und Callender:[303] für die Isomerisierung von Bathorhodopsin zu Rhodopsin beträgt diese 0,50 und von Bathorhodopsin zu Isorhodopsin beträgt diese lediglich 0,054 Die Bathorhodopsin-Trajektorie führt im Vergleich zu Rhodopsin in etwa der Hälfte der Zeit zur vollständigen Isomerisierung und ist damit einer der schnellsten lichtaktivierten Prozesse. Birge und Hubbard fanden ebenfalls, dass die Isomerisierung von Bathorhodopsin schneller abläuft als Rhodopsin.[304] Unter Verwendung der semiempirischen Methode INDO-CISD wurde die Isomerisierungszeit von 2,2 ps für Rhodopsin und 1,8 ps für Bathorhodopsin berechnet.

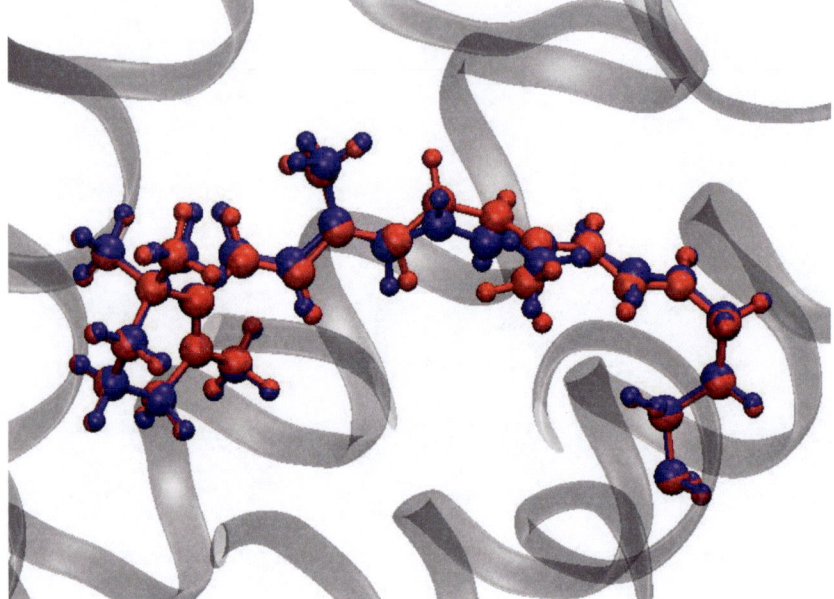

Abbildung 5.35 Überlagerung der Retinal-Geometrie am Anfang und am Ende der Bathorhodopsin QM/MM Trajektorie.

5.3.3 Isorhodopsin

Von den drei mit QM/MM-Verfahren untersuchten Photorezeptoren weist das Isorhodopsin mit 88 kcal·mol^{-1} (Abbildung 5.36 A) im Vergleich zu Rhodopsin (80,5 kcal·mol^{-1}) und Bathorhodopsin (82 kcal·mol^{-1}) die höchste Anregungsenergie auf. Die erste Phase der Photoreaktion verläuft wie in den beiden oben erwähnten Rezeptoren: Im angeregten Zustand werden die Doppelbindungen gestreckt und die Einfachbindungen gestaucht (Abbildung 5.36 D und E). Infolgedessen nimmt die Energiedifferenz um 60 kcal·mol^{-1} ab. Der größte Beitrag zur Abnahme der Energiedifferenz kommt von der Destabilisierung des Grundzustands. Nach 20 fs der Simulation ist die längste Bindung C11-C12, wie im Fall von 11-*cis*-Retinal in Rhodopsin, obwohl in Isorhodopsin die C9-C10-Bindung des Retinals eine *cis*-Konformation einnimmt. Nachdem die Bindungslängenalternanz vollständig invertiert ist, beginnt die Rotation um die C9-C10-Bindung. Im Vergleich zur C11- C12-Bindung ist hier ein Wasserstoff durch eine Methylgruppe substituiert. Es gibt daher, im Gegensatz

5.3. Retinal in der Proteinumgebung

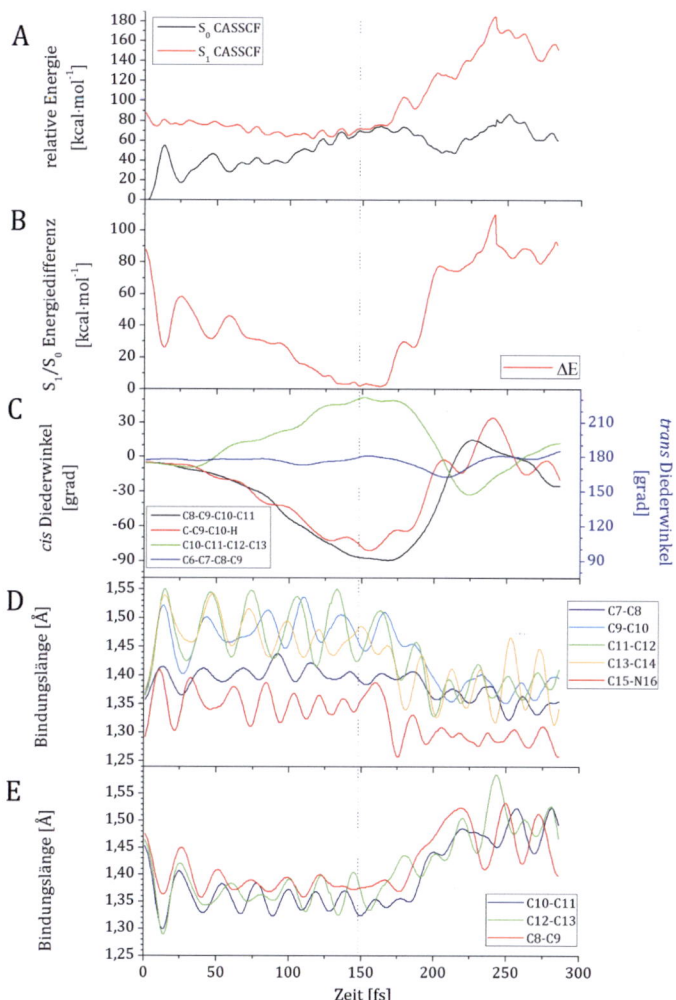

Abbildung 5.36 Isorhodopsin QM/MM MD-Trajektorie. **A**: Potentielle Energie des Grundzustands S_0 und des angeregten Zustands S_1, berechnet mit SA2-CASSCF(12,12)/6-31G*; **B**: S_1/S_0 Energiedifferenz; **C**: Diederwinkel ausgewählter Doppelbindungen; **D**: Bindungslängen der Doppelbindungen; **E**: Bindungslängen der Einfachbindungen.

zur C11-C12-Bindung, keine HOOP-Mode für die C9-C10-Bindung. Die Rotation um die 9-*cis*-Bindung wird in Analogie zum 11-*cis*-Isomer durch zwei Diederwinkel beschrieben, und zwar durch C8-C9-C10-C11 und C-C9-C10-H. Zu Beginn der Trajektorie betragen beide Winkel ca. -5°, und in beiden setzt die Rotation etwa gleichzeitig nach der Equilibrierung der Geometrie im angeregten Zustand ein (Abbildung 5.36 C). Die Rotation um die C9-C10-Bindung verläuft allerdings deutlich langsamer als die Rotation um die C11-C12-Bindung im Fall des Rhodopsins bzw. Bathorhodopsins. Bis zur konischen Durchdringung der S_0- und S_1-Potentiale vergehen 143 fs. Die Rotation wird im Grundzustand fortgesetzt und erreicht nach weiteren 20 fs das Maximum der Auslenkung, anschließend kehrt die Rotation um. Nach insgesamt 240 fs kann als Photoprodukt eindeutig das 9-*cis*-Retinal identifiziert werden.

Im Vergleich der drei verschiedenen Photorezeptoren zeigt das Isorhodopsin die längste Verweilzeit im angeregten Zustand. Der Photoprozess benötigt 1,5-mal so lange wie im Rhodopsin und 3-mal so lange wie im Bathorhodopsin. Dieser Befund stimmt qualitativ mit den Ergebnissen von Pump-Probe-Experimenten im Femtosekundenbereich überein. Schoenlein *et al.* haben mittels zeitaufgelöster UV/Vis-Spektroskopie die erste Produktbildung 150 fs nach der Anregung gemessen und den Prozess nach insgesamt 600 fs als vollständig abgeschlossen charakterisiert.[64] Mit derselben Methode wird die erste Produktbildung im Rhodopsin nach 100 fs erfasst und nach weiteren 100 fs abgeschlossen.[18, 284] Eine Ursache für diesen Unterschied könnte das Fehlen einer Methylgruppe an C8 oder C11 sein, in Analogie zum Vorhandensein der Methylgruppe in Position C13 im Rhodopsin und Bathorhodopsin.[305, 306] Durch sterische Wechselwirkungen mit dem Wasserstoff am Kohlenstoffatom C10 sorgt diese Methylgruppe für eine Verdrillung der C11-C12-Bindung im 11-*cis*-Retinal. Es konnte experimentell gezeigt werden, dass mit dem Weglassen dieser Methylgruppe die Effizienz und die Quantenausbeute der Photoisomerisierung sinkt.[258, 260] Da eine solche sterische Hinderung im 9-*cis*-Retinal fehlt, könnte dies die langsamere Isomerisierung erklären. Mit Moleküldynamiksimulationen verschiedener Isomere in Vakuum konnte im Abschnitt 5.2.3 dieser Arbeit gezeigt werden, dass es sich dabei um eine intrinsische Eigenschaft des Retinals handelt. Das Maximum der Verweilzeit im angeregten Zustand liegt für das 11-*cis*-Chromophormodell zwischen 90 und 120 fs und für das 9-*cis* zwischen 150 und 180 fs (Abbildung 5.27 A und B). In ähnlicher Relation stehen auch die Isomerisierungszeiten von Rhodopsin und Isorhodopsin, die aus QM/MM-Simulationen stammen.

Als weiteres Ergebnis der Simulationen sei hier festgehalten, dass die Photoisomerisierung von 9-*cis*-Rhodopsin zum Ausgangsprodukt zurückführt - im Gegensatz zu Rhodopsin und Bathorhodopsin, die erfolgreich zu Bathorhodopsin bzw. Rhodopsin isomerisieren. Dieses Ergebnis kann angesichts experimenteller Befunde nicht überraschen. Die Quantenausbeute des Isorhodopsins ist mit

5.3. Retinal in der Proteinumgebung

0,22[61, 64] deutlich niedriger als für Rhodopsin, dessen Werte bei 0,65-0,67[61, 263, 264] liegen. Das heißt, die *cis/trans*-Isomerisierung verläuft für das 11-*cis*-Retinal deutlich effektiver als für das 9-*cis*-Isomer.

Nachdem eine grobe Korrelation zwischen dem Experiment und den QM/MM-Simulationen festgestellt ist, können die theoretischen Ergebnisse genutzt werden, um den Prozess der Photoisomerisierung auf molekularer Ebene und mit einer höheren Zeitauflösung zu verstehen. Schließlich ist dies das eigentliche Ziel der zeitaufwendigen Moleküldynamiksimulationen: die Aufklärung und das Erlangen eines tieferen Verständnisses des Isomerisierungsmechanismus. Vergleicht man den Ablauf der drei Isomerisierungen, so fällt auf, dass im Isorhodopsin die Torsion der C9-C10 Bindung von der Rotation einer der beiden benachbarten Doppelbindungen, nämlich der C11-C12-Bindung, begleitet wird. Sie ist zum Zeitpunkt des Übergangs in den Grundzustand um 35° verdrillt (Abbildung 5.36 C). Zwar sind auch in Rhodopsin und Bathorhodopsin neben der isomerisierenden andere Doppelbindungen verdrillt; allerdings ist der Verdrillungswinkel während des nichtadiabatischen Übergangs deutlich kleiner. Im Isorhodopsin erreicht die Verdrillung im Moment des Übergangs ihr Maximum, und zudem erfolgt die Rotation in die gleiche Richtung wie die der C9-C10-Bindung, sodass ein Teil des Chromophors, von C10 bis zum Stickstoff, eine Drehbewegung durchführt. Eine solche Bewegung erfordert zusätzlichen Raum, was in der Proteintasche möglicherweise zu ungünstigen sterischen Welchselwirkungen führt. Im Fall von Rhodopsin und Bathorhodopsin sind die benachbarten Doppelbindungen in die entgegengesetzte Richtung verdrillt, was den Platzbedarf für eine Isomerisierung in der engen Bindungstasche erheblich reduziert.

Dazu kommt die unterschiedliche Position der isomerisierenden Bindung in der Polyenkette des Retinals. Im 11-*cis*-Retinal und all-*trans*-Retinal ist dies die zentrale Doppelbindung im Molekül, und die Bewegung ist auf zwei etwa gleich große Fragmente der Polyenkette verteilt. Dies erlaubt eine Rotation der C11-C12 Bindung ohne großen sterischen Aufwand. Im Isorhodopsin teilt die C9-C10-Bindung das Molekül in eine kürzere und eine längere Hälfte. Die kürzere Hälfte mit dem in seiner hydrophoben Bindungstasche vergrabenen β-Iononring bewegt sich kaum – dies ist auch in den beiden anderen Pigmenten zu beobachten. Der ohnehin schon in seiner Bewegung behinderte längere Teil des Chromophors muss also auch noch die Hauptlast der Rotation tragen, eine zusätzliche Erschwernis dieses Reaktionswegs.

Wie belastbar diese Hypothese wirklich ist, könnte u.a. durch die Analyse weiterer Simulationen der Systeme mit unterschiedlichen Ausgangsparametern geklärt werden. Allerdings müssen dafür zum einen ausreichende Computer-Ressourcen zur Verfügung stehen, denn diese Isorhodopsin QM/MM-Trajektorie beanspruchte 10 Monate Rechenzeit, und zum anderen fehlt eine Methode, um Initialbedingungen mit dem QM/MM-Hybridverfahren zu erzeugen.

Kapitel 6
Zusammenfassung

Im Rahmen der vorliegenden Arbeit wurde mit Hilfe quantenmechanischer Methoden die Photoisomerisierung des Retinals simuliert. Sowohl statische als auch dynamische Simulationen wurden durchgeführt, um den Mechanismus der hocheffizienten Reaktion auf der molekularen Ebene zu verstehen.

Eine Trajektorie des Retinalmodells mit vier Doppelbindungen wurde erhalten, in der die beiden mittleren Doppelbindungen ähnlich wie im Bicycle-Pedal-Mechanismus isomerisierten. Außerdem wurde festgestellt, dass es zwei Permutationen gibt für den Rotationssinn der isomerisierenden Doppelbindungen: in die gleiche Richtung, konrotatorisch, oder in die entgegengesetzte Richtung, also disrotatorisch. Relaxierte Pfade haben schließlich gezeigt, dass beide Möglichkeiten keine Energiebarriere haben und realisiert werden können. Allerdings wurde keine Trajektorie gefunden mit der disrotatorischen Rotation der Doppelbindungen.

Um weitere Pfade bzw. Mechanismen, die strahlungslose Übergange vom angeregten Zustand in den Grundzustand ermöglichen, zu untersuchen, wurde das Modell um eine Doppelbindung erweitert. Die Berücksichtigung der kompletten Polyenkette des Retinals erlaubte eine Vielzahl von Kombinationen der Bindungen für die Untersuchung der Bicycle-Pedal- und der Hula-Twist-Isomerisierung. Insgesamt wurden neun verschiedene Kombinationen berechnet. Für die Isomerisierung zweier benachbarten Doppelbindungen wurde gezeigt, dass sowohl die disrotatorische als auch die konrotatorische Rotation ab 60-70° relativer Verdrillung um die Bindungen C9-C10 und C11-C12 zur konischen Durchdringung führen. Im Vergleich dazu ist die Bicycle-Pedal-Isomerisierung der Bindungen C11-C12 und C13-C14 energetisch benachteiligt. Selbst bei 90° Verdrillung der beiden Torsionswinkel besteht eine Energiebarriere von etwa 5 kcal·mol^{-1}. Im Fall der Hula-Twist-Isomerisierung, bei der sich die C11-C12 und eine der benachbarten Einfachbindungen drehen, kommt es ausschließlich auf den Rotationssinn der isomerisierenden Doppelbindung und der Einfachbindung an. Für die disrotatorische Variante wird für C11-C12 und C9-C10 bzw. C13-C14 bereits nach ca. 50° relativer Verdrillung die konische Durchschneidung erreicht. Damit ist die Rotation sogar geringer als im One-Bond-Flip Mechanismus mit der

5.3. Retinal in der Proteinumgebung

Konsequenz, dass sich die Ausbeute des Ausgangsprodukts erhöht. Für die konrotatorische Variante steigt die Energie im angeregten Zustand mit zunehmender Verdrillung an und die Energielücke zwischen dem angeregten und dem Grundzustand nimmt nur geringfügig ab, sodass ein strahlungsloser Übergang nicht erreicht werden kann.

Mit Hilfe dieser statischen Berechnungen mit festgehaltenen Diederwinkeln konnte eine Vielfalt von Reaktionspfaden für das Chromophormodell unter isolierten Bedingungen demonstriert werden. Mittels dynamischer Simulationen wurden im nächsten Abschnitt Produktausbeuten und Verweilzeiten im angeregten Zustand bestimmt. Dazu wurde das im Rahmen dieser Arbeit entwickelte und in MOLCAS-Programmpaket implementierte Modul DYNAMIX verwendet. Drei Gruppen von Fünfdoppelbindungsmodellen wurden untersucht.

Die erste Gruppe bestand aus den vier Isomeren 9-*cis*, 11-*cis*, 13-*cis* und all-*trans*. Es wurde gezeigt, dass bereits im Vakuum das 11-*cis*-Isomer eine erhöhte Selektivität aufzeigt und ausschließlich um die *cis*-Bindung rotiert. Auch bei den Quantenausbeuten wurde eine grobe Übereinstimmung mit den entsprechenden Retinal-Isomeren eingebettet im Opsin gefunden. Daraus folgt, dass sowohl die Selektivität als auch die Effizienz der Retinalisomerisierung eine intrinsische Eigenschaft ist, d.h. bereits ohne Protein vorhanden ist.

Sechs verschiedene methylsubstituierte Chromophore bildeten die zweite Gruppe von Modellen. Durch gezielte Manipulation der intramolekularen sterischen Wechselwirkungen konnten die Quantenausbeute, die Selektivität des Produktes und die Reaktionszeit abgestimmt werden. Durch eine zusätzliche Methylgruppe am C10-Kohlenstoffatom konnte beispielsweise die Reaktionszeit drastisch verkürzt und eine unidirektionale Isomerisierung erzwungen werden. Die Substitution aller Methylgruppen durch Wasserstoffe führt zur vollständigen Umsetzung zum *trans*-Produkt. Diese Erkenntnisse sind besonders von hohem Interesse, um künstliche Photo-Schalter mit maßgeschneiderten Eigenschaften zu entwerfen.

Die letzte Gruppe umfasste drei 11-*cis*-verbrückte Modellchromophore bestehend aus einem 5-, 7- und 8-Ring. Der kleinste Ring zeigte keine Tendenz zur Photoisomerisierung und alle Trajektorien verblieben während der gesamten Simulationszeit im angeregten Zustand. Beim siebengliedrigen Ring wurden Isomerisierungen um die drei zentralen Doppelbindungen beobachtet: C9-C10, C11-C12 und C13-C14. Am häufigsten wurde die Isomerisierung um die Bindung C9-C10, die außerhalb des Rings liegt, beobachtet. Durch die Erweiterung des Ringes um eine Methyleneinheit wird eine größere Flexibilität erreicht, sodass im 8-Ring alle Isomerisierungen um die im Ring liegenden Doppelbindungen C11-C12 ablaufen. Die Verweildauer im angeregten Zustand wird deutlich kürzer, da der Ring eine Vorverdrillung der C11-C12 Bindung mit sich bringt. Die beiden letztgenannten Modelle haben gemeinsam, dass der Rotationssinn durch die Ringkonformation bestimmt wird. Damit wird ein ähnlicher Effekt erreicht wie die Methylsubstitution, die in einigen Retinalmodellen zu erhöhter sterischer Wechselwirkung führt.

Im letzten Abschnitt der Arbeit wurde mit QM/MM MD Simulationen der Einfluss der Proteinumgebung auf die Photoisomerisierung der Retinals untersucht. Aufgrund des enormen Zeitaufwands wurde jeweils eine Trajektorie für drei Photopigmente berechnet, nämlich: Rhodopsin, Bathorhodopsin und Isorhodopsin. Zwischen den Trajektorien und den experimentellen Untersuchungen wurde eine Korrelation gefunden. So entspricht die relative Verweilzeit im angeregten Zustand den Ergebnissen aus zeitaufgelösten Transienten-Absorptionsspektroskopie Messungen. Ebenfalls sind die erfolgreichen Isomerisierungen von Rhodopsin und Bathorhodopsin sowie die gescheiterte Isomerisierung des Isorhodopsins konsistent mit experimentell bestimmten Quantenausbeuten. Die Photoisomerisierung des Rhodopsins und des Bathorhodopsins erfolgt nach dem abgebrochenen Bicycle-Pedal-Mechanismus, bei dem die Rotation um die C11-C12 Bindung durch die Rotation der beiden benachbarten Doppelbindungen unterstützt wird. Dadurch wird eine raumsparende sowie ultraschnelle Isomerisierung des Retinals ermöglicht.

Kapitel 7
Literaturverzeichnis

(1) Berg, J. M.; Tymoczko, J. L.; Stryer, L. *Biochemie;* Elsevier, Spektrum Akademischer Verlag: Heidelberg, **2007**.

(2) Nelson, D. L.; Cox, M. M.; Lehninger, A. L. *Lehninger Biochemie;* Springer: Berlin, **2001**.

(3) Hecht, S.; Shlaer, S.; Pirenne, M. H. *Science* **1941**, *93*, 585-587.

(4) Hecht, S.; Shlaer, S.; Pirenne, M. H. *J. Gen. Physiol.* **1942**, *25*, 819-840.

(5) Baylor, D. A.; Lamb, T. D.; Yau, K. W. *J. Physiol. -London* **1979**, *288*, 613-634.

(6) Baylor, D. *Proc. Natl. Acad. Sci. U. S. A.* **1996**, *93*, 560-565.

(7) Dugave, C.; Demange, L. *Chem. Rev.* **2003**, *103*, 2475-2532.

(8) Van der Horst, M. A.; Hellingwerf, K. J. *Acc. Chem. Res.* **2004**, *37*, 13-20.

(9) Dugave, C. *cis-trans Isomerization in Biochemistry;* Wiley-VCH Verlag: Weinheim, **2006**.

(10) Birge, R. R.; Gillespie, N. B.; Izaguirre, E. W.; Kusnetzow, A.; Lawrence, A. F.; Singh, D.; Song, Q. W.; Schmidt, E.; Stuart, J. A.; Seetharaman, S.; Wise, K. J. *J. Phys. Chem. B* **1999**, *103*, 10746-10766.

(11) Kay, E. R.; Leigh, D. A.; Zerbetto, F. *Angew. Chem. -Int. Edit.* **2007**, *46*, 72-191.

(12) Ulysse, L.; Cubillos, J.; Chmielewski, J. *J. Am. Chem. Soc.* **1995**, *117*, 8466-8467.

(13) Renner, C.; Behrendt, R.; Sporlein, S.; Wachtveitl, J.; Moroder, L. *Biopolymers* **2000**, *54*, 489-500.

(14) Sporlein, S.; Carstens, H.; Satzger, H.; Renner, C.; Behrendt, R.; Moroder, L.; Tavan, P.; Zinth, W.; Wachtveitl, J. *Proc. Natl. Acad. Sci. U. S. A.* **2002**, *99*, 7998-8002.

(15) Drexler, K. E. *Nanosystems: Molecular Machinery, Manufacturing, and Computation;* John Wiley & Sons: New York, **1992**.

(16) Balzani, V.; Venturi, M.; Credi, A. *Molecular Devices and Machines: A Journey into the Nanoworld;* Wiley-VCH: Weinheim, **2003**.

(17) Sauvage, J. P. *Molecular Machines and Motors;* Structure and Bonding; Springer: Heidelberg, **2001**.

(18) Schoenlein, R. W.; Peteanu, L. A.; Mathies, R. A.; Shank, C. V. *Science* **1991**, *254*, 412-415.

(19) Kim, J. E.; Tauber, M. J.; Mathies, R. A. *Biochemistry* **2001**, *40*, 13774-13778.

(20) Nakamichi, H.; Okada, T. *Angew. Chem. -Int. Edit.* **2006**, *45*, 4270-4273.

(21) Müller, W.; Frings, S. *Tier- und Humanphysiologie;* Springer-Verlag: Berlin, **2007**.

(22) Lewis, A.; Fager, R. S.; Abrahamson, E. W. *J. Raman Spectrosc.* **1973**, *1*, 465-470.

(23) Oseroff, A. R.; Callender, R. H. *Biochemistry* **1974**, *13*, 4243-4248.

(24) Sakmar, T. P.; Franke, R. R.; Khorana, H. G. *Proc. Natl. Acad. Sci. U. S. A.* **1989**, *86*, 8309-8313.

(25) Zhukovsky, E.; Oprian, D. *Science* **1989**, *246*, 928-930.

(26) Nathans, J. *Biochemistry* **1990**, *29*, 9746-9752.

(27) Zhukovsky, E.; Robinson, P.; Oprian, D. *Science* **1991**, *251*, 558-560.

(28) Okada, T.; Ernst, O. P.; Palczewski, K.; Hofmann, K. P. *Trends Biochem. Sci.* **2001**, *26*, 318-324.

(29) Kukura, P.; McCamant, D. W.; Yoon, S.; Wandschneider, D. B.; Mathies, R. A. *Science* **2005**, *310*, 1006-1009.

(30) Lewis, J. W.; Kliger, D. S. In *Absorption spectroscopy in studies of visual pigments: Spectral and kinetic characterization of intermediates;* Palczewski, K., Ed.; Methods in Enzymology; Academic Press: New York, **2000**; Vol. 315, S. 164-178.

(31) Hug, S. J.; Lewis, J. W.; Einterz, C. M.; Thorgeirsson, T. E.; Kliger, D. S. *Biochemistry* **1990**, *29*, 1475-1485.

(32) Bartl, F. J.; Vogel, R. *Phys. Chem. Chem. Phys.* **2007**, *9*, 1648-1658.

(33) Ovchinnikov, Y. A.; Abdulaev, N. G.; Feigina, M. Y.; Artamonov, I. D.; Bogachuk, A. S.; Zolotarev, A. S.; Eganyan, E. R.; Kostetsky, P. V. *Bioorg. Khim.* **1983**, *9*, 1331-1340.

(34) Hargrave, P. A.; Mcdowell, J. H.; Curtis, D. R.; Wang, J. K.; Juszczak, E.; Fong, S. L.; Rao, J. K. M.; Argos, P. *Biophys. Struct. Mech.* **1983**, *9*, 235-244.

(35) Dratz, E. A.; Van Breemen, J. F. L.; Kamps, K. M. P.; Keegstra, W.; Van Bruggen, E. F. J. *BBA-Proteins Struct.* **1985**, *832*, 337-342.

(36) Schertler, G. F. X.; Villa, C.; Henderson, R. *Nature* **1993**, *362*, 770-772.

(37) Baldwin, J. M. *EMBO J.* **1993**, *12*, 1693-1703.

(38) Palczewski, K.; Kumasaka, T.; Hori, T.; Behnke, C. A.; Motoshima, H.; Fox, B. A.; Le Trong, I.; Teller, D. C.; Okada, T.; Stenkamp, R. E.; Yamamoto, M.; Miyano, M. *Science* **2000**, *289*, 739-745.

(39) Okada, T.; Sugihara, M.; Bondar, A. N.; Elstner, M.; Entel, P.; Buss, V. *J. Mol. Biol.* **2004**, *342*, 571-583.

(40) Li, J.; Edwards, P. C.; Burghammer, M.; Villa, C.; Schertler, G. F. X. *J. Mol. Biol.* **2004**, *343*, 1409-1438.

(41) Ruprecht, J. J.; Mielke, T.; Vogel, R.; Villa, C.; Schertler, G. F. X. *EMBO J.* **2004**, *23*, 3609-3620.

(42) Salom, D.; Lodowski, D. T.; Stenkamp, R. E.; Le Trong, I.; Golczak, M.; Jastrzebska, B.; Harris, T.; Ballesteros, J. A.; Palczewski, K. *Proc. Natl. Acad. Sci. U. S. A.* **2006**, *103*, 16123-16128.

(43) Nakamichi, H.; Okada, T. *Proc. Natl. Acad. Sci. U. S. A.* **2006**, *103*, 12729-12734.

(44) Nakamichi, H.; Buss, V.; Okada, T. *Biophys. J.* **2007**, .

(45) Standfuss, J.; Xie, G. F.; Edwards, P. C.; Burghammer, M.; Oprian, D. D.; Schertler, G. F. X. *J. Mol. Biol.* **2007**, *372*, 1179-1188.

(46) Stenkamp, R. E. *Acta Crystallogr. Sect. D-Biol. Crystallogr.* **2008**, *64*, 902-904.

(47) Teller, D. C.; Okada, T.; Behnke, C. A.; Palczewski, K.; Stenkamp, R. E. *Biochemistry* **2001**, *40*, 7761-7772.

(48) Okada, T.; Fujiyoshi, Y.; Silow, M.; Navarro, J.; Landau, E. M.; Shichida, Y. *Proc. Natl. Acad. Sci. U. S. A.* **2002**, *99*, 5982-5987.

(49) Lodowski, D. T.; Angel, T. E.; Palczewski, K. *Photochem. Photobiol.* **2009**, *85*, 425-430.

(50) Warshel, A. *Nature* **1976**, *260*, 679-683.

(51) Warshel, A.; Barboy, N. *J. Am. Chem. Soc.* **1982**, *104*, 1469-1476.

(52) Liu, R. S. H.; Asato, A. E. *Proc. Natl. Acad. Sci. U. S. A.* **1985**, *82*, 259-263.

(53) Liu, R. S. H. *Acc. Chem. Res.* **2001**, *34*, 555-562.

(54) Groenhof, G.; Bouxin-Cademartory, M.; Hess, B.; de Visser, S. P.; Berendsen, H. J. C.; Olivucci, M.; Mark, A. E.; Robb, M. A. *J. Am. Chem. Soc.* **2004**, *126*, 4228-4233.

(55) Schaefer, L. V.; Groenhof, G.; Klingen, A. R.; Ullmann, G. M.; Boggio-Pasqua, M.; Robb, M. A.; Grubmueller, H. *Angew. Chem. -Int. Edit.* **2007**, *46*, 530-536.

(56) Schäfer, L. V.; Groenhof, G.; Boggio-Pasqua, M.; Robb, M. A.; Grubmüller, H. *PLoS Comput. Biol.* **2008**, *4*, e1000034.

(57) Boggio-Pasqua, M.; Groenhof, G.; Schäfer, L. V.; Grubmüller, H.; Robb, M. A. *J. Am. Chem. Soc.* **2007**, *129*, 10996-10997.

(58) Blancafort, L.; Ogliaro, F.; Olivucci, M.; Robb, M. A.; Bearpark, M. J.; Sinicropi, A. In *Computational investigation of photochemical reaction mechanisms;* Kutateladze, A., Ed.; Computational methods in photochemistry; CRC Press: New York, **2005**; Vol. 14, S. 31-110.

(59) Kandori, H.; Shichida, Y.; Yoshizawa, T. *Biochemistry-Moscow* **2001**, *66*, 1197-1209.

(60) Reuter, T. *Nature* **1964**, *204*, 784-785.

(61) Hurley, J. B.; Ebrey, T. G.; Honig, B.; Ottolenghi, M. *Nature* **1977**, *270*, 540-542.

(62) Kandori, H.; Matuoka, S.; Nagai, H.; Shichida, Y.; Yoshizawa, T. *Photochem. Photobiol.* **1988**, *48*, 93-97.

(63) Hug, S. J.; Lewis, J. W.; Kliger, D. S. *J. Am. Chem. Soc.* **1988**, *110*, 1998-1999.

(64) Schoenlein, R. W.; Peteanu, L. A.; Wang, Q.; Mathies, R. A.; Shank, C. V. *J. Phys. Chem.* **1993**, *97*, 12087-12092.

(65) Strambi, A.; Coto, P. B.; Frutos, L. M.; Ferré, N.; Olivucci, M. *J. Am. Chem. Soc.* **2007**, *130*, 3382-3388.

(66) Szabo, A.; Ostlund, N. S. *Modern Quantum Chemistry: Introduction to Advanced Electronic Structure Theory;* Dover Publications: Mineola, **1996**.

(67) Pople, J. A.; Nesbet, R. K. *J. Chem. Phys.* **1954**, *22*, 571-572.

(68) Lowdin, P. O. *Advances in Chemical Physics* **1959**, *2*, 207-322.

(69) Jensen, F. *Introduction to Computational Chemistry;* John Wiley & Sons: Chichester, **1999**.

(70) Møller, C.; Plesset, M. S. *Phys. Rev.* **1934**, *46*, 618.

(71) Paldus, J. *J. Chem. Phys.* **1974**, *61*, 5321-5330.

Literaturverzeichnis 143

(72) Helgaker, T.; Jorgensen, P.; Olsen, J. *Molecular Electronic-Structure Theory;* John Wiley & Sons: Chichester, **2000**.

(73) Serrano-Andrés, L.; Merchán, M. In *Ab initio Methods for Excited States;* Olivucci, M., Ed.; Computational Photochemistry; Elsevier: Amsterdam, **2005;** Vol. 16, S. 35-92.

(74) Docken, K. K.; Hinze, J. *J. Chem. Phys.* **1972**, *57*, 4928-4936.

(75) Pople, J. A.; Krishnan, R.; Schlegel, H. B.; Binkley, J. S. *Int. J. Quantum Chem.* **1979**, *16*, 225-241.

(76) Handy, N. C.; Schaefer III, H. F. *J. Chem. Phys.* **1984**, *81*, 5031-5033.

(77) Andersson, K.; Malmqvist, P.; Roos, B. O.; Sadlej, A. J.; Wolinski, K. *J. Phys. Chem.* **1990**, *94*, 5483-5488.

(78) Andersson, K.; Malmqvist, P.; Roos, B. O. *J. Chem. Phys.* **1992**, *96*, 1218-1226.

(79) Andersson, K. *Theor. Chem. Acc.* **1995**, *91*, 31-46.

(80) Malmqvist, P. Å. In *The RASSCF, RASSI, and CASPT2 methods used on small molecules of astrophysical interest;* Jørgensen, U. G., Ed.; Molecules in the Stellar Environment; Springer-Verlag: Berlin, **1994;** Vol. 428, S. 338-352.

(81) Cornell, W. D.; Cieplak, P.; Bayly, C. I.; Gould, I. R.; Merz, K. M.; Ferguson, D. M.; Spellmeyer, D. C.; Fox, T.; Caldwell, J. W.; Kollman, P. A. *J. Am. Chem. Soc.* **1995**, *117*, 5179-5197.

(82) Wang, J.; Cieplak, P.; Kollman, P. A. *J. Comput. Chem.* **2000**, *21*, 1049-1074.

(83) Duan, Y.; Wu, C.; Chowdhury, S.; Lee, M. C.; Xiong, G.; Zhang, W.; Yang, R.; Cieplak, P.; Luo, R.; Lee, T.; Caldwell, J.; Wang, J.; Kollman, P. *J. Comput. Chem.* **2003**, *24*, 1999-2012.

(84) Scott, W. R. P.; Hunenberger, P. H.; Tironi, I. G.; Mark, A. E.; Billeter, S. R.; Fennen, J.; Torda, A. E.; Huber, T.; Kruger, P.; van Gunsteren, W. F. *J. Phys. Chem. A* **1999**, *103*, 3596-3607.

(85) MacKerell, , A. D.; Bashford, D.; Bellott; Dunbrack, , R. L.; Evanseck, J. D.; Field, M. J.; Fischer, S.; Gao, J.; Guo, H.; Ha, S.; Joseph-McCarthy, D.; Kuchnir, L.; Kuczera, K.; Lau, F. T. K.; Mattos, C.; Michnick, S.; Ngo, T.; Nguyen, D. T.; Prodhom, B.; Reiher, W. E.; Roux, B.; Schlenkrich, M.; Smith, J. C.; Stote, R.; Straub, J.; Watanabe, M.; Wiorkiewicz-Kuczera, J.; Yin, D.; Karplus, M. *J. Phys. Chem. B* **1998**, *102*, 3586-3616.

(86) Kunz, R. W. *Molecular Modelling für Anwender;* Teubner Studienbücher Chemie; Teubner: Stuttgart, **1997**.

(87) Moss, G. P. *Pure Appl. Chem.* **1996**, *68*, 2193-2222.

(88) Warshel, A.; Russell, S. T. *Q. Rev. Biophys.* **1984**, *17*, 283-422.

(89) Straatsma, T. P.; McCammon, J. A. *Chem. Phys. Lett.* **1990**, *167*, 252-254.

(90) Warshel, A. *Annu. Rev. Biophys. Biomol. Struct.* **2003**, *32*, 425-443.

(91) Lee, F. S.; Chu, Z. T.; Warshel, A. *J. Comput. Chem.* **1993**, *14*, 161-185.

(92) Rick, S. W.; Stuart, S. J.; Berne, B. J. *J. Chem. Phys.* **1994**, *101*, 6141-6156.

(93) Caldwell, J. W.; Kollman, P. A. *J. Phys. Chem.* **1995**, *99*, 6208-6219.

(94) Rick, S. W.; Stuart, S. J. In *Potentials and algorithms for incorporating polarizability in computer simulations;* Lipkowitz, K. B., Boyd, D. B., Eds.; Reviews in Computational Chemistry; Wliey-VCH: New York, **2002;** Vol. 18, S. 89-146.

(95) Ponder, J. W.; Case, D. A. In *Force fields for protein simulations;* Daggett, V., Ed.; Protein Simulations; Elsevier: Amsterdam, **2003;** Vol. 66, S. 27-85.

(96) Yu, H. B.; Hansson, T.; van Gunsteren, W. F. *J. Chem. Phys.* **2003**, *118*, 221-234.

(97) Yu, H. B.; van Gunsteren, W. F. *Comput. Phys. Commun.* **2005**, *172*, 69-85.

(98) Jorgensen, W. L. *J. Chem. Theory Comput.* **2007**, *3*, 1877-1877.

(99) Cieplak, P.; Caldwell, J.; Kollman, P. *J. Comput. Chem.* **2001**, *22*, 1048-1057.

(100) Stern, H. A.; Kaminski, G. A.; Banks, J. L.; Zhou, R. H.; Berne, B. J.; Friesner, R. A. *J. Phys. Chem. B* **1999**, *103*, 4730-4737.

(101) Banks, J. L.; Kaminski, G. A.; Zhou, R. H.; Mainz, D. T.; Berne, B. J.; Friesner, R. A. *J. Chem. Phys.* **1999**, *110*, 741-754.

(102) Kaminski, G. A.; Stern, H. A.; Berne, B. J.; Friesner, R. A.; Cao, Y. X. X.; Murphy, R. B.; Zhou, R. H.; Halgren, T. A. *J. Comput. Chem.* **2002**, *23*, 1515-1531.

(103) Ren, P. Y.; Ponder, J. W. *J. Comput. Chem.* **2002**, *23*, 1497-1506.

(104) Kaminski, G. A.; Stern, H. A.; Berne, B. J.; Friesner, R. A. *J. Phys. Chem. A* **2004**, *108*, 621-627.

(105) Patel, S.; Brooks, C. L. *J. Comput. Chem.* **2004**, *25*, 1-15.

(106) Patel, S.; Mackerell, A. D.; Brooks, C. L. *J. Comput. Chem.* **2004**, *25*, 1504-1514.

(107) Vorobyov, I. V.; Anisimov, V. M.; MacKerell, A. D. *J. Phys. Chem. B* **2005**, *109*, 18988-18999.

(108) Anisimov, V. M.; Lamoureux, G.; Vorobyov, I. V.; Huang, N.; Roux, B.; MacKerell, A. D. *J. Chem. Theory Comput.* **2005**, *1*, 153-168.

Literaturverzeichnis

(109) Wang, Z. X.; Zhang, W.; Wu, C.; Lei, H. X.; Cieplak, P.; Duan, Y. *J. Comput. Chem.* **2006**, *27*, 781-790.

(110) Xie, W.; Gao, J. *J. Chem. Theory Comput.* **2007**, *3*, 1890-1900.

(111) Jones, J. E. *Proc. R. Soc. Lond. A* **1924**, *106*, 463-477.

(112) Warshel, A.; Levitt, M. *J. Mol. Biol.* **1976**, *103*, 227-249.

(113) Singh, U. C.; Kollman, P. A. *J. Comput. Chem.* **1986**, *7*, 718-730.

(114) Field, M. J.; Bash, P. A.; Karplus, M. *J. Comput. Chem.* **1990**, *11*, 700-733.

(115) Gao, J. In *Methods and Applications of Combined Quantum Mechanical and Molecular Mechanical Potentials;* Lipkowitz, K. B., Boyd, D. B., Eds.; Reviews in Computational Chemistry; Wliey-VCH: New York, **2007**; Vol. 7, S. 119-185.

(116) Monard, G.; Merz, K. M. *Acc. Chem. Res.* **1999**, *32*, 904-911.

(117) Bakowies, D.; Thiel, W. *J. Phys. Chem.* **1996**, *100*, 10580-10594.

(118) Sherwood, P.; de Vries, A. H.; Collins, S. J.; Greatbanks, S. P.; Burton, N. A.; Vincent, M. A.; Hillier, I. H. *Faraday Discuss.* **1997**, *106*, 79-92.

(119) Eichler, U.; Kölmel, C. M.; Sauer, J. *J. Comput. Chem.* **1997**, *18*, 463-477.

(120) Nachtigallova, D.; Nachtigall, P.; Sierka, M.; Sauer, J. *Phys. Chem. Chem. Phys.* **1999**, *1*, 2019-2026.

(121) Grochowski, P.; Lesyng, B.; Bała, P.; McCammon, J. A. *Int. J. Quantum Chem.* **1996**, *60*, 1143-1164.

(122) Bała, P.; Grochowski, P.; Lesyng, B.; McCammon, J. A. *J. Phys. Chem.* **1996**, *100*, 2535-2545.

(123) Svensson, M.; Humbel, S.; Froese, R. D. J.; Matsubara, T.; Sieber, S.; Morokuma, K. *J. Phys. Chem.* **1996**, *100*, 19357-19363.

(124) Dapprich, S.; Komáromi, I.; Byun, K. S.; Morokuma, K.; Frisch, M. J. *Theochem-J. Mol. Struct.* **1999**, *461-462*, 1-21.

(125) Day, P. N.; Jensen, J. H.; Gordon, M. S.; Webb, S. P.; Stevens, W. J.; Krauss, M.; Garmer, D.; Basch, H.; Cohen, D. *J. Chem. Phys.* **1996**, *105*, 1968-1986.

(126) Merrill, G. N.; Gordon, M. S. *J. Phys. Chem. A* **1998**, *102*, 2650-2657.

(127) Warshel, A.; Weiss, R. M. *J. Am. Chem. Soc.* **1980**, *102*, 6218-6226.

(128) Bernardi, F.; Olivucci, M.; Robb, M. A. *J. Am. Chem. Soc.* **1992**, *114*, 1606-1616.

(129) Heyden, A.; Lin, H.; Truhlar, D. G. *J. Phys. Chem. B* **2007**, *111*, 2231-2241.

(130) Sherwood, P. In Hybrid Quantum Mechanics/Molecular Mechanics Approaches Grotendorst, J., Ed.; Modern Methods and Algorithms of Quantum Chemistry; John von Neumann Institute for Computing: Jülich, **2000;** Vol. 3, S. 285-305.

(131) Waszkowycz, B.; Hillier, I. H.; Gensmantel, N.; Payling, D. W. *J. Chem. Soc. , Perkin Trans. 2* **1991**, *12*, 2025-2032.

(132) Stanton, R. V.; Hartsough, D. S.; Merz, K. M. *J. Phys. Chem.* **1993**, *97*, 11868-11870.

(133) Yong, S. L.; Hodoscek, M.; Brooks, B. R.; Kador, P. F. *Biophys. Chem.* **1998**, *70*, 203-216.

(134) Lyne, P. D.; Hodoscek, M.; Karplus, M. *J. Phys. Chem. A* **1999**, *103*, 3462-3471.

(135) Turner, A. J.; Moliner, V.; Williams, I. H. *Phys. Chem. Chem. Phys.* **1999**, *1*, 1323-1331.

(136) Maseras, F.; Morokuma, K. *J. Comput. Chem.* **1995**, *16*, 1170-1179.

(137) Humbel, S.; Sieber, S.; Morokuma, K. *J. Chem. Phys.* **1996**, *105*, 1959-1967.

(138) Vreven, T.; Morokuma, K.; Farkas, O.; Schlegel, H. B.; Frisch, M. J. *J. Comput. Chem.* **2003**, *24*, 760-769.

(139) Vreven, T.; Byun, K. S.; Komaromi, I.; Dapprich, S.; Montgomery, J. A.; Morokuma, K.; Frisch, M. J. *J. Chem. Theory Comput.* **2006**, *2*, 815-826.

(140) Antes, I.; Thiel, W. In *On the treatment of link atoms in hybrid methods.* Gao, J., Thompson, M. A., Eds.; Combined Quantum Mechanical and Molecular Mechanical Methods; American Chemical Society: Washington, DC, **1998;** Vol. 712, S. 50-65.

(141) Thompson, M. A.; Schenter, G. K. *J. Phys. Chem.* **1995**, *99*, 6374-6386.

(142) Gascon, J. A.; Leung, S. S. F.; Batista, E. R.; Batista, V. S. *J. Chem. Theory Comput.* **2006**, *2*, 175-186.

(143) Murphy, R. B.; Philipp, D. M.; Friesner, R. A. *J. Comput. Chem.* **2000**, *21*, 1442-1457.

(144) Freindorf, M.; Shao, Y. H.; Furlani, T. R.; Kong, J. *J. Comput. Chem.* **2005**, *26*, 1270-1278.

(145) Woo, T. K.; Cavallo, L.; Ziegler, T. *Theor. Chem. Acc.* **1998**, *100*, 307-313.

(146) Ryde, U. *J. Comput. -Aided Mol. Des.* **1996**, *10*, 153-164.

(147) Eichinger, M.; Tavan, P.; Hutter, J.; Parrinello, M. *J. Chem. Phys.* **1999**, *110*, 10452-10467.

Literaturverzeichnis 147

(148) de Vries, A. H.; Sherwood, P.; Collins, S. J.; Rigby, A. M.; Rigutto, M.; Kramer, G. J. *J. Phys. Chem. B* **1999**, *103*, 6133-6141.

(149) Field, M. J.; Albe, M.; Bret, C.; Proust-De Martin, F.; Thomas, A. *J. Comput. Chem.* **2000**, *21*, 1088-1100.

(150) Swart, M. In AddRemove: A new link model for use in QM/MM studies9th International Conference on Application of the Density Functional Theory to Chemistry and Physics; **2003;** Vol. 91, S. 177-183.

(151) Antes, I.; Thiel, W. *J. Phys. Chem. A* **1999**, *103*, 9290-9295.

(152) Reuter, N.; Dejaegere, A.; Maigret, B.; Karplus, M. *J. Phys. Chem. A* **2000**, *104*, 1720-1735.

(153) Ferre, N.; Olivucci, M. *J. Am. Chem. Soc.* **2003**, *125*, 6868-6869.

(154) Eurenius, K. P.; Chatfield, D. C.; Brooks, B. R.; Hodoscek, M. *Int. J. Quantum Chem.* **1996**, *60*, 1189-1200.

(155) Waszkowycz, B.; Hillier, I. H.; Gensmantel, N.; Payling, D. W. *J. Chem. Soc., Perkin Trans. 2* **1990**, *7*, 1259-1268.

(156) Waszkowycz, B.; Hillier, I. H.; Gensmantel, N.; Payling, D. W. *J. Chem. Soc., Perkin Trans. 2* **1991**, *2*, 225-231.

(157) Waszkowycz, B.; Hillier, I. H.; Gensmantel, N.; Payling, D. W. *J. Chem. Soc., Perkin Trans. 2* **1991**, *11*, 1819-1832.

(158) Vasilyev, V. V. *Theochem-J. Mol. Struct.* **1994**, *110*, 129-141.

(159) Lin, H.; Truhlar, D. G. *J. Phys. Chem. A* **2005**, *109*, 3991-4004.

(160) Sherwood, P.; de Vries, A. H.; Guest, M. F.; Schreckenbach, G.; Catlow, C. R. A.; French, S. A.; Sokol, A. A.; Bromley, S. T.; Thiel, W.; Turner, A. J.; Billeter, S.; Terstegen, F.; Thiel, S.; Kendrick, J.; Rogers, S. C.; Casci, J.; Watson, M.; King, F.; Karlsen, E.; Sjovoll, M.; Fahmi, A.; Schafer, A.; Lennartz, C. *Theochem-J. Mol. Struct.* **2003**, *632*, 1-28.

(161) Konig, P. H.; Hoffmann, M.; Frauenheim, T.; Cui, Q. *J. Phys. Chem. B* **2005**, *109*, 9082-9095.

(162) Amara, P.; Field, M. J. *Theor. Chem. Acc.* **2003**, *109*, 43-52.

(163) Zhang, Y.; Lee, T.; Yang, W. *J. Chem. Phys.* **1999**, *110*, 46-54.

(164) Zhang, Y. *J. Chem. Phys.* **2005**, *122*, 024114.

(165) Zhang, Y. *Theor. Chem. Acc.* **2006**, *116*, 43-50.

(166) Laio, A.; VandeVondele, J.; Rothlisberger, U. *J. Phys. Chem. B* **2002**, *106*, 7300-7307.

(167) DiLabio, G. A.; Hurley, M. M.; Christiansen, P. A. *J. Chem. Phys.* **2002**, *116*, 9578-9584.

(168) DiLabio, G. A.; Wolkow, R. A.; Johnson, E. R. *J. Chem. Phys.* **2005**, *122*, 044708.

(169) Yasuda, K.; Yamaki, D. *J. Chem. Phys.* **2004**, *121*, 3964-3972.

(170) von Lilienfeld, O. A.; Tavernelli, I.; Rothlisberger, U.; Sebastiani, D. *J. Chem. Phys.* **2005**, *122*, 014113.

(171) Slavicek, P.; Martinez, T. J. *J. Chem. Phys.* **2006**, *124*, 084107.

(172) Shao, Y.; Kong, J. *J. Phys. Chem. A* **2007**, *111*, 3661-3671.

(173) Xiao, C.; Zhang, Y. *J. Chem. Phys.* **2007**, *127*, 124102.

(174) Thery, V.; Rinaldi, D.; Rivail, J. L.; Maigret, B.; Ferenczy, G. G. *J. Comput. Chem.* **1994**, *15*, 269-282.

(175) Monard, G.; Loos, M.; Thery, V.; Baka, K.; Rivail, J. L. In Hybrid classical quantum force field for modeling very large moleculesInternational Workshop on Electronic Structure Methods for Truly Large Systems - Moving the Frontiers in Quantum Chemistry; John Wiley & Sons: New York, **1996;** Vol. 58, S. 153-159.

(176) Assfeld, X.; Rivail, J. L. *Chem. Phys. Lett.* **1996**, *263*, 100-106.

(177) Ferre, N.; Assfeld, X.; Rivail, J. L. *J. Comput. Chem.* **2002**, *23*, 610-624.

(178) Fornili, A.; Sironi, M.; Raimondi, M. *Theochem-J. Mol. Struct.* **2003**, *632*, 157-172.

(179) Fornili, A.; Moreau, Y.; Sironi, M.; Assfeld, X. *J. Comput. Chem.* **2006**, *27*, 515-523.

(180) Sironi, M.; Genoni, A.; Civera, M.; Pieraccini, S.; Ghitti, M. *Theor. Chem. Acc.* **2007**, *117*, 685-698.

(181) Fornili, A.; Loos, P.; Sironi, M.; Assfeld, X. *Chem. Phys. Lett.* **2006**, *427*, 236-240.

(182) Loos, P.; Assfeld, X. *J. Chem. Theory Comput.* **2007**, *3*, 1047-1053.

(183) Philipp, D. M.; Friesner, R. A. *J. Comput. Chem.* **1999**, *20*, 1468-1494.

(184) Murphy, R. B.; Philipp, D. M.; Friesner, R. A. *Chem. Phys. Lett.* **2000**, *321*, 113-120.

(185) Gao, J. L.; Amara, P.; Alhambra, C.; Field, M. J. *J. Phys. Chem. A* **1998**, *102*, 4714-4721.

(186) Amara, P.; Field, M. J.; Alhambra, C.; Gao, J. L. *Theor. Chem. Acc.* **2000**, *104*, 336-343.

Literaturverzeichnis 149

(187) Garcia-Viloca, M.; Gao, J. L. *Theor. Chem. Acc.* **2004**, *111*, 280-286.

(188) Pu, J. Z.; Gao, J. L.; Truhlar, D. G. *J. Phys. Chem. A* **2004**, *108*, 632-650.

(189) Pu, J. Z.; Gao, J. L.; Truhlar, D. G. *J. Phys. Chem. A* **2004**, *108*, 5454-5463.

(190) Pu, J. Z.; Gao, J. L.; Truhlar, D. G. *ChemPhysChem* **2005**, *6*, 1853-1865.

(191) Jung, J.; Choi, C. H.; Sugita, Y.; Ten-no, S. *J. Chem. Phys.* **2007**, *127*, 204102.

(192) Kairys, V.; Jensen, J. H. *J. Phys. Chem. A* **2000**, *104*, 6656-6665.

(193) Gordon, M. S.; Freitag, M. A.; Bandyopadhyay, P.; Jensen, J. H.; Kairys, V.; Stevens, W. J. *J. Phys. Chem. A* **2001**, *105*, 293-307.

(194) Hall, R. J.; Hindle, S. A.; Burton, N. A.; Hillier, I. H. *J. Comput. Chem.* **2000**, *21*, 1433-1441.

(195) Nicoll, R. M.; Hindle, S. A.; MacKenzie, G.; Hillier, I. H.; Burton, N. A. In Quantum mechanical/molecular mechanical methods and the study of kinetic isotope effects: modelling the covalent junction region and application to the enzyme xylose isomerase10th International Congress of Quantum Chemistry; **2001**; Vol. 106, S. 105-112.

(196) Lennartz, C.; Schafer, A.; Terstegen, F.; Thiel, W. *J. Phys. Chem. B* **2002**, *106*, 1758-1767.

(197) Rodriguez, A.; Oliva, C.; Gonzalez, M.; van der Kamp, M.; Mulholland, A. J. *J. Phys. Chem. B* **2007**, *111*, 12909-12915.

(198) Worth, G. A.; Cederbaum, L. S. *Annu. Rev. Phys. Chem.* **2004**, *55*, 127-158.

(199) von Neumann, J.; Wigner, E. P. *Physik. Zeitschr.* **1929**, *30*, 467-470.

(200) Atchity, G. J.; Xantheas, S. S.; Ruedenberg, K. *J. Chem. Phys.* **1991**, *95*, 1862-1876.

(201) Groenhof, G.; Schäfer, L. V.; Boggio-Pasqua, M.; Robb, M. A. In *Excited State Dynamics in Biomolecules;* Bohr, H. G., Ed.; Handbook of Molecular Biophysics; Wiley-VCH: Berlin, **2009**; S. 93-135.

(202) Landau, L. *Phys. Ztshr. Sow.* **1932**, *2*, 46-51.

(203) Zener, C. *Proc. R. Soc. A* **1932**, *137*, 696-702.

(204) Desouter-Lecomte, M.; Lorquet, J. C. *J. Chem. Phys.* **1979**, *71*, 4391-4403.

(205) Schlegel, H. B. *J. Comput. Chem.* **1982**, *3*, 214-218.

(206) Saunders, M.; Houk, K. N.; Wu, Y. D.; Still, W. C.; Lipton, M.; Chang, G.; Guida, W. C. *J. Am. Chem. Soc.* **1990**, *112*, 1419-1427.

(207) Powell, M. J. D. *Math. Program.* **1971**, *1*, 26-57.

(208) Fletcher, R. *Practical Methods of Optimization: Constrained Optimization;* John Wiley & Sons, Ltd.: Chichester, **1981**.

(209) Bofill, J. M. *J. Comput. Chem.* **1994**, *15*, 1-11.

(210) Dennis, J. E.; Schnabel, R. B. *SIAM Rev.* **1979**, *21*, 443-459.

(211) Broyden, C. G. *Math. Comput.* **1970**, *24*, 365-382.

(212) Fletcher, R. *Comput. J.* **1970**, *13*, 317-322.

(213) Goldfarb, D. *Math. Comput.* **1970**, *24*, 23-26.

(214) Shanno, D. F. *Math. Comput.* **1970**, *24*, 647-656.

(215) Karlström, G.; Lindh, R.; Malmqvist, P.; Roos, B. O.; Ryde, U.; Veryazov, V.; Widmark, P.; Cossi, M.; Schimmelpfennig, B.; Neogrady, P.; Seijo, L. *Comp. Mater. Sci.* **2003**, *28*, 222-239.

(216) Foresman, J. B.; Frisch, Æ. *Exploring Chemistry with Electronic Structure Methods;* Gaussian, Inc: Pittsburgh, **1996**.

(217) Frisch, M. J.; Trucks, G. W.; Schlegel, H. B.; Scuseria, G. E.; Robb, M. A.; Cheeseman, J. R.; Montgomery, J., J. A.; Vreven, T.; Kudin, K. N.; Burant, J. C.; Millam, J. M.; Iyengar, S. S.; Tomasi, J.; Barone, V.; Mennucci, B.; Cossi, M.; Scalmani, G.; Rega, N.; Petersson, G. A.; Nakatsuji, H.; Hada, M.; Ehara, M.; Toyota, K.; Fukuda, R.; Hasegawa, J.; Ishida, M.; Nakajima, T.; Honda, Y.; Kitao, O.; Nakai, H.; Klene, M.; Li, X.; Knox, J. E.; Hratchian, H. P.; Cross, J. B.; Bakken, V.; Adamo, C.; Jaramillo, J.; Gomperts, R.; Stratmann, R. E.; Yazyev, O.; Austin, A. J.; Cammi, R.; Pomelli, C.; Ochterski, J. W.; Ayala, P. Y.; Morokuma, K.; Voth, G. A.; Salvador, P.; Dannenberg, J. J.; Zakrzewski, V. G.; Dapprich, S.; Daniels, A. D.; Strain, M. C.; Farkas, O.; Malick, D. K.; Rabuck, A. D.; Raghavachari, K.; Foresman, J. B.; Ortiz, J. V.; Cui, Q.; Baboul, A. G.; Clifford, S.; Cioslowski, J.; Stefanov, B. B.; Liu, G.; Liashenko, A.; Piskorz, P.; Komaromi, I.; Martin, R. L.; Fox, D. J.; Keith, T.; Al-Laham, M. A.; Peng, C. Y.; Nanayakkara, A.; Challacombe, M.; Gill, P. M. W.; Johnson, B.; Chen, W.; Wong, M. W.; Gonzalez, C.; and Pople, J. A. *Gaussian 03*, **2004**, Revision C.02.

(218) Baker, J.; Hehre, W. J. *J. Comput. Chem.* **1991**, *12*, 606-610.

(219) Baker, J. *J. Comput. Chem.* **1993**, *14*, 1085-1100.

(220) Fogarasi, G.; Zhou, X. F.; Taylor, P. W.; Pulay, P. *J. Am. Chem. Soc.* **1992**, *114*, 8191-8201.

(221) Pulay, P.; Fogarasi, G. *J. Chem. Phys.* **1992**, *96*, 2856-2860.

(222) Schlegel, H. B. In A Comparison of Geometry Optimization with Internal, Cartesian, and Mixed CoordinatesInternational Symposium on Atomic, Molecular, and Condensed Matter

Theory and Computational Methods; Wiley Periodicals: New York, **1992**; Vol. 44, S. 243-252.

(223) Peng, C. Y.; Ayala, P. Y.; Schlegel, H. B.; Frisch, M. J. *J. Comput. Chem.* **1996**, *17*, 49-56.

(224) Swope, W. C.; Andersen, H. C.; Berens, P. H.; Wilson, K. R. *J. Chem. Phys.* **1982**, *76*, 637-649.

(225) Hase, W. L. In *Classical Trajectory Simulations: Initial Conditions*; Allinger, N. L., Ed.; Encyclopedia of Computational Chemistry; Wiley: New York, **1998**; Vol. 1, S. 402-407.

(226) Peslherbe, G. H.; Wang, H.; Hase, W. L. In *Monte Carlo Sampling for Classical Trajectory Simulations*; Prigogine, I., Rice, S. A., Eds.; Advances in Chemical Physics; Wiley: New York, **1999**; Vol. 105, S. 171-201.

(227) Ferré, N.; Ángyán, J. G. *Chem. Phys. Lett.* **2002**, *356*, 331-339.

(228) Ponder, J. W.; Richards, F. M. *J. Comp. Chem.* **1987**, *8*, 1016-1024.

(229) Petersson, G. A.; Bennett, A.; Tensfeldt, T. G.; Al-Laham, M. A.; Shirley, W. A.; Mantzaris, J. *J. Chem. Phys.* **1988**, *89*, 2193-2218.

(230) Petersson, G. A.; Al-Laham, M. A. *J. Chem. Phys.* **1991**, *94*, 6081-6090.

(231) Weingart, O.; Schapiro, I.; Buss, V. *J. Mol. Model.* **2006**, *12*, 713-721.

(232) Barbatti, M.; Ruckenbauer, M.; Szymczak, J. J.; Aquino, A. J. A.; Lischka, H. *Phys. Chem. Chem. Phys.* **2008**, *10*, 482-494.

(233) Weingart, O.; Migani, A.; Olivucci, M.; Robb, M. A.; Buss, V.; Hunt, P. *J. Phys. Chem. A* **2004**, *108*, 4685-4693.

(234) Weingart, O.; Buss, V.; Robb, M. A. *Phase Transit.* **2005**, *78*, 17-24.

(235) Andruniow, T.; Ferre, N.; Olivucci, M. *Proc. Natl. Acad. Sci. U. S. A.* **2004**, *101*, 17908-17913.

(236) Yamamoto, S.; Wasada, H.; Kakitani, T.; Yamato, T. *Theochem-J. Mol. Struct.* **1999**, *461-462*, 463-471.

(237) Migani, A.; Sinicropi, A.; Ferre, N.; Cembran, A.; Garavelli, M.; Olivucci, M. *Faraday Discuss.* **2004**, *127*, 179-191.

(238) Ben-Nun, M.; Molnar, F.; Schulten, K.; Martínez, T. J. *Proc. Natl. Acad. Sci. U. S. A.* **2002**, *99*, 1769-1773.

(239) Strambi, A.; Coto, P. B.; Frutos, L. M.; Ferre, N.; Olivucci, M. *J. Am. Chem. Soc.* **2008**, *130*, 3382-3388.

(240) Szymczak, J. J.; Barbatti, M.; Lischka, H. *J. Chem. Theory Comput.* **2008**, *4*, 1189-1199.

(241) Page, C. S.; Merchan, M.; Serrano-Andres, L.; Olivucci, M. *J. Phys. Chem. A* **1999**, *103*, 9864-9871.

(242) Garavelli, M.; Vreven, T.; Celani, P.; Bernardi, F.; Robb, M. A.; Olivucci, M. *J. Am. Chem. Soc.* **1998**, *120*, 1285-1288.

(243) González-Luque, R.; Garavelli, M.; Bernardi, F.; Merchán, M.; Robb, M. A.; Olivucci, M. *Proc. Natl. Acad. Sci. U. S. A.* **2000**, *97*, 9379-9384.

(244) Garavelli, M.; Celani, P.; Bernardi, F.; Robb, M. A.; Olivucci, M. *J. Am. Chem. Soc.* **1997**, *119*, 6891-6901.

(245) Molnar, F.; Ben-Nun, M.; Martínez, T. J.; Schulten, K. *Theochem-J. Mol. Struct.* **2000**, *506*, 169-178.

(246) Martinez, T. J. *Acc. Chem. Res.* **2006**, *39*, 119-126.

(247) Garavelli, M.; Bernardi, F.; Robb, M. A.; Olivucci, M. *Theochem-J. Mol. Struct.* **1999**, *463*, 59-64.

(248) Burghardt, I.; Cederbaum, L. S.; Hynes, J. T. *Faraday Discuss.* **2004**, *127*, 395-411.

(249) Bearpark, M. J.; Larkin, S. M.; Vreven, T. *J. Phys. Chem. A* **2008**, *112*, 7286-7295.

(250) Boggio-Pasqua, M.; Bearpark, M. J.; Ogliaro, F.; Robb, M. A. *J. Am. Chem. Soc.* **2006**, *128*, 10533-10540.

(251) Gomez, I.; Mercier, Y.; Reguero, M. *J. Phys. Chem. A* **2006**, *110*, 11455-11461.

(252) Liu, R. S. *Photochem. Photobiol.* **2002**, *76*, 580-583.

(253) Sumita, M.; Saito, K. *Chem. Phys. Lett.* **2006**, *424*, 374-378.

(254) Spudich, J. L.; Yang, C.; Jung, K.; Spudich, E. N. *Annu. Rev. Cell Dev. Biol.* **2000**, *16*, 365-392.

(255) Ruiz-González, M. X.; Marín, I. *J. Mol. Evol.* **2004**, *58*, 348-358.

(256) Yokoyama, S. *Prog. Retin. Eye Res.* **2000**, *19*, 385-419.

(257) Luecke, H.; Schobert, B.; Richter, H.; Cartailler, J.; Lanyi, J. K. *J. Mol. Biol.* **1999**, *291*, 899-911.

(258) Gärtner, W.; Ternieden, S. *J. Photochem. Photobiol. B-Biol.* **1996**, *33*, 83-86.

(259) Koch, D.; Gärtner, W. *Photochem. Photobiol.* **1997**, *65*, 181-186.

Literaturverzeichnis 153

(260) Wang, Q.; Kochendoerfer, G. G.; Schoenlein, R. W.; Verdegem, P. J. E.; Lugtenburg, J.; Mathies, R. A.; Shank, C. V. *J. Phys. Chem.* **1996**, *100*, 17388-17394.

(261) Kochendoerfer, G. G.; Verdegem, P. J. E.; van, d. H.; Lugtenburg, J.; Mathies, R. A. *Biochemistry* **1996**, *35*, 16230-16240.

(262) Shichida, Y.; Kropf, A.; Yoshizawa, T. *Biochemistry* **1981**, *20*, 1962-1968.

(263) Dartnall, H. J. A. *Vision Res.* **1968**, *8*, 339-358.

(264) Dartnall, H. J. A. In *Photosensitivity*. Dartnall, H. J. A., Ed.; Photochemistry of Vision. Springer Verlag: Berlin, Heidelberg, New York, **1972**; S. 122-145.

(265) DeLange, F.; Bovee-Geurts, P. H. M.; VanOostrum, J.; Portier, M. D.; Verdegem, P. J. E.; Lugtenburg, J.; DeGrip, W. J. *Biochemistry* **1998**, *37*, 1411-1420.

(266) Han, M.; Groesbeek, M.; Sakmar, T. P.; Smith, S. O. *Proc. Natl. Acad. Sci. U. S. A.* **1997**, *94*, 13442-13447.

(267) Ganter, U. M.; Schmid, E. D.; Perezsala, D.; Rando, R. R.; Siebert, F. *Biochemistry* **1989**, *28*, 5954-5962.

(268) Vogel, R.; Fan, G. B.; Sheves, M.; Siebert, F. *Biochemistry* **2000**, *39*, 8895-8908.

(269) Vogel, R.; Ludeke, S.; Siebert, F.; Sakmar, T. P.; Hirshfeld, A.; Sheves, M. *Biochemistry* **2006**, *45*, 1640-1652.

(270) Knierim, B.; Hofmann, K. P.; Gaertner, W.; Hubbell, W. L.; Ernst, O. P. *J. Biol. Chem.* **2008**, *283*, 4967-4974.

(271) Sugihara, M.; Buss, V. *Biochemistry* **2008**, *47*, 13733-13735.

(272) Fukada, Y.; Shichida, Y.; Yoshizawa, T.; Ito, M.; Kodama, A.; Tsukida, K. *Biochemistry* **1984**, *23*, 5826-5832.

(273) Kandori, H.; Matuoka, S.; Shichida, Y.; Yoshizawa, T.; Ito, M.; Tsukida, K.; Balogh-Nair, V.; Nakanishi, K. *Biochemistry* **1989**, *28*, 6460-6467.

(274) Mizukami, T.; Kandori, H.; Shichida, Y.; Chen, A. H.; Derguini, F.; Caldwell, C. G.; Bigge, C. F.; Nakanishi, K.; Yoshizawa, T. *Proc. Natl. Acad. Sci. U. S. A.* **1993**, *90*, 4072-4076.

(275) Yoshizawa, T.; Wald, G. *Nature* **1963**, *197*, 1279-1286.

(276) Mao, B.; Tsuda, M.; Ebrey, T. G.; Akita, H.; Baloghnair, V.; Nakanishi, K. *Biophys. J.* **1981**, *35*, 543-546.

(277) Verhoeven, J. W. *Pure Appl. Chem.* **1996**, *68*, 2223-2286.

(278) Kandori, H.; Yoshihara, K.; Tomioka, H.; Sasabe, H. *J. Phys. Chem.* **1992**, *96*, 6066-6071.

(279) Kandori, H.; Furutani, Y.; Nishimura, S.; Schichida, Y.; Chosrowjan, H.; Shibata, Y.; Mataga, N. *Chem. Phys. Lett.* **2001**, *334*, 271-276.

(280) Kandori, H.; Katsuta, Y.; Ito, M.; Sasabe, H. *J. Am. Chem. Soc.* **1995**, *117*, 2669-2670.

(281) Kahan, A.; Nahmias, O.; Friedman, N.; Sheves, M.; Ruhman, S. *J. Am. Chem. Soc.* **2007**, *129*, 537-546.

(282) Niu, K.; Zhao, B.; Sun, Z.; Lee, S. *J. Chem. Phys.* **2010**, *132*, 084510.

(283) Kandori, H.; Furutani, Y.; Nishimura, S.; Shichida, Y.; Chosrowjan, H.; Shibata, Y.; Mataga, N. *Chem. Phys. Lett.* **2001**, *334*, 271-276.

(284) Peteanu, L. A.; Schoenlein, R. W.; Wang, Q.; Mathies, R. A.; Shank, C. V. *Proc. Natl. Acad. Sci. U. S. A.* **1993**, *90*, 11762-11766.

(285) Logunov, S. L.; Song, L.; El-Sayed, M. *J. Phys. Chem.* **1996**, *100*, 18586-18591.

(286) Zgrablic, G.; Haacke, S.; Chergui, M. *J. Phys. Chem. B* **2009**, *113*, 4384-4393.

(287) Weingart, O.; Schapiro, I.; Buss, V. *J. Phys. Chem. B* **2007**, *111*, 3782-3788.

(288) Wang, Q.; Schoenlein, R. W.; Peteanu, L. A.; Mathies, R. A.; Shank, C. V. *Science* **1994**, *266*, 422-424.

(289) Buchert, J.; Stefancic, V.; Doukas, A. G.; Alfano, R. R.; Callender, R. H.; Pande, J.; Akita, H.; Balogh-Nair, V.; Nakanishi, K. *Biophys. J.* **1983**, *43*, 279-283.

(290) Fan, G.; Siebert, F.; Sheves, M.; Vogel, R. *J. Biol. Chem.* **2002**, *277*, 40229-40234.

(291) Vogel, R.; Fan, G.; Lüdeke, S.; Siebert, F.; Sheves, M. *J. Biol. Chem.* **2002**, *277*, 40222-40228.

(292) Jang, G.; Kuksa, V.; Filipek, S.; Bartl, F.; Ritter, E.; Gelb, M. H.; Hofmann, K. P.; Palczewski, K. *J. Biol. Chem.* **2001**, *276*, 26148-26153.

(293) Kuksa, V.; Bartl, F.; Maeda, T.; Jang, G.; Ritter, E.; Heck, M.; Van Hooser, J. P.; Liang, Y.; Filipek, S.; Gelb, M. H.; Hofmann, K. P.; Palczewski, K. *J. Biol. Chem.* **2002**, *277*, 42315-42324.

(294) De Vico, L.; Page, C. S.; Garavelli, M.; Bernardi, F.; Basosi, R.; Olivucci, M. *J. Am. Chem. Soc.* **2002**, *124*, 4124-4134.

(295) Vico, D.; Garavelli, M.; Bernardi, F.; Olivucci, M. *J. Am. Chem. Soc.* **2005**, *127*, 2433-2442.

(296) Kandori, H.; Sasabe, H.; Nakanishi, K.; Yoshizawa, T.; Mizukami, T.; Shichida, Y. *J. Am. Chem. Soc.* **1996**, *118*, 1002-1005.

(297) Aton, B.; Callender, R. H.; Honig, B. *Nature* **1978**, *273*, 784-786.

(298) Bridges, C. D. B. *Biochem. J.* **1961**, *79*, 128-134.

(299) Bridges, C. D. B. *Biochem. J.* **1961**, *79*, 135-143.

(300) Goldschmidt, C. R.; Ottolenghi, M.; Rosenfeld, T. *Nature* **1976**, *263*, 169-171.

(301) Frutos, L. M.; Andruniow, T.; Santoro, F.; Ferre, N.; Olivucci, M. *Proc. Natl. Acad. Sci. U. S. A.* **2007**, *104*, 7764-7769.

(302) Hayashi, S.; Taikhorshid, E.; Schulten, K. *Biophys. J.* **2009**, *96*, 403-416.

(303) Suzuki, T.; Callender, R. H. *Biophys. J.* **1981**, *34*, 261-270.

(304) Hubbard, R. *Trends Biochem. Sci.* **1976**, *1*, 154-158.

(305) Sekharan, S.; Sugihara, M.; Weingart, O.; Okada, T.; Buss, V. *J. Am. Chem. Soc.* **2007**, *129*, 1052-1054.

(306) Hufen, J.; Sugihara, M.; Buss, V. *J. Phys. Chem. B* **2004**, *108*, 20419-20426.

Anhang

8.1 Abkürzungsverzeichnis

BFGS	Broyden, Fletcher, Goldfarb und Shanno
BP	bicycle pedal
BSI	blue shifted intermediate
BZ	Besetzungszahl
CASSCF	complete active space self consistent field
cGMP	cyclischem Guanosinmonophosphat
CI	configuration interaction
CSF	configuration state function
EFP	effective fragment potential
ELMO	extreme localized molecular orbital
ESPF	electrostatic potential fit
EVB	empirical valence bond
GDP	Guanosindiphosphat
GHO	generalized hybrid orbital
GTO	slater-type orbital
HT	hula twist
IRC	intrinsic reaction coordinate
LSCF	local self consistent field
MCSCF	multiconfiguration self consistent field
MD	Moleküldynamik
MEP	minimum energy path
MM-VB	molecular mechanis valence bond
MP	Moller-Plesset
OBF	one bond flip
ONIOM	our own n-layered integrated molecular orbital and molecular mechanics
PDE	Phosphodiesterase
RHF	restricted Hartree-Fock
SA	state averaged
SCF	self consistent field

Anhang

SLBO	strictly *Localized* Bonding *Orbital*
STO	gaussian type orbital
UHF	unrestricted Hartree Fock

8.2 Publikationsliste

Referierte Publikationen

1. Weingart O., **Schapiro I.** and Buss V.: "Bond Torsion Affects the Product Distribution in the Photoreaction of Retinal Model Chromophores" *Journal of Molecular Modeling,* 2006, **12**(5), 713.
2. Weingart O., **Schapiro I.** and Buss V.: "Photochemistry of Visual Pigment Chromophore by *ab initio* Molecular Dynamics" *Journal of Physical Chemistry B,* 2007, **111**(14), 3782.
3. **Schapiro I.**, Weingart O. and Buss V.: "Bicycle Pedal Isomerization in a Rhodopsin Chromophore Model" *Journal of the American Chemical Society,* 2009, **131**(1), 16.

Sonstige Publikationen

1. **Schapiro I.**: „Das JCF-Frühjahrssymposium 2009 in Essen" *Nachrichten aus der Chemie,* 2008, **56**(12), 1305.
2. **Schapiro I.**, Holz M.: „11. JCF-Frühjahrssymposium in Essen" *Nachrichten aus der Chemie,* 2009, **57**(5), 588.

Poster und Vorträge

11.03.09-14.03.09 11th JCF Frühjahrssymposium, Essen
16.09.08-20.09.08 2nd European Chemistry Congress, Turin, Italien
29.06.08-11.07.08 The 10th Sostrup Summer School: Quantum Chemistry and Molecular Properties, Himmelbjerget, Dänemark
15.06.08-19.06.08 13th International Conference on Retinal Proteins, Barcelona, Spanien
27.03.08-29.03.08 10th JCF Frühjahrssymposium, Rostock
23.09.07-26.09.07 International Symposium on Retinal Proteins: Experiments and Theory, Bremen
16.09.07-19.09.07 GDCh Wissenschaftsforum Chemie 2007, Ulm
19.08.07-23.08.07 234th ACS National Meeting, Boston, USA

23.05.07-25.05.07 CECAM Workshop: „Ab initio simulations in photochemistry: bringing together nonadiabatic dynamics and electronic structure theory", Lyon, Frankreich
22.01.07-26.01.07 CECAM Tutorial: „Programming Parallel Computers", Forschungszentrum Jülich
27.08.06-31.08.06 1st European Chemistry Congress, Budapest, Ungarn
31.07.06-11.08.06 Summer School on Computational Materials Science: „Ab Initio Molecular Dynamics Simulation Methods in Chemistry", University of Illinois at Urbana-Champaign, USA

Der disserta Verlag bietet die kostenlose Publikation
Ihrer Dissertation als hochwertige
Hardcover- oder Paperback-Ausgabe.

Fachautoren bietet der disserta Verlag
die kostenlose Veröffentlichung professioneller Fachbücher.

Der disserta Verlag ist Partner für die Veröffentlichung
von Schriftenreihen aus Hochschule und Wissenschaft.

Weitere Informationen auf www.disserta-verlag.de

disserta
Verlag